KRUPP = SIEMENS

Nebenerwerbs=Siedlungen für Kurz= und Vollarbeiter

Neue Wege industrieller Siedlungspolitik
praktische Erfahrungen, Ziele und Forderungen

Im Auftrage der Firmen Krupp und Siemens
herausgegeben von

Walter Bolz
Regierungsbaumeister a. D
Berlin = Nikolassee

Berlin · Verlag von Julius Springer · 1934

ISBN 978-3-642-50434-1   ISBN   978-3-642-50743-4 (eBook)
DOI 10.1007/978-3-642-50743-4

Vorwort.

Die Wohnungsfürsorge von Krupp und Siemens geht bis in die Anfänge der Geschichte beider Werke zurück. Beträchtliche Mittel sind in der Vergangenheit für diesen Zweck aufgewendet worden, immer mit dem Ziele, auf die nach den Zeitumständen beste Weise günstige Wohnungsverhältnisse für die Arbeiter und Angestellten zu schaffen. Daß auf diesem Gebiete Mustergültiges geleistet wurde, bekunden die zahlreichen Anerkennungen des In- und Auslandes. Mehr noch zeugen davon die Siedlungen selbst, die in ihrer großen Zahl mit zu dem brauchbarsten Wohnungsgut der werktätigen Bevölkerung Deutschlands gehören.

Die Ergebnisse der bisherigen Wohnungsfürsorge sind in einer Reihe von Veröffentlichungen niedergelegt. Wenn wir jetzt mit einer neuen Schrift über dieses Gebiet gemeinsam vor die Öffentlichkeit treten, so geschieht es einmal, um den wesentlichen Unterschied zwischen der bisherigen Wohnungsfürsorge und den in den letzten Jahren eingeschlagenen Wegen der Siedlungstätigkeit darzulegen, und zum anderen, um die bei der Ausführung dieser Siedlungen gemachten Erfahrungen der Allgemeinheit zugänglich zu machen.

Zweck der bisherigen Wohnungspolitik der beiden Firmen war, den Beamten und Arbeitern ein gesundes Heim zu niedrigem Mietspreis zu geben. Neben dem Bau eigener Werkswohnungen unterstützten die Firmen den Häuserbau durch Stiftungen oder Hergabe von Darlehen zu niedrigem Zinsfuß, ohne daß — von Ausnahmefällen abgesehen — dem Bewohner ein Eigentumsrecht zustand. In unseren neuen Siedlungen dagegen soll dem Angestellten und Arbeiter Gelegenheit gegeben werden, ein Eigenheim mit Landzulage zu erwerben. Die Siedlerstellen sind dabei so groß, daß bei richtiger Bearbeitung des Landes dessen Ertrag einen nicht unwesentlichen Zuschuß zu dem Lebensunterhalt des Siedlers und seiner Familie bilden kann. Die Siedler und ihre Angehörigen gewinnen eine Verbundenheit mit der Scholle: Eine Jugend, die den Segen der

Landarbeit — und sei es auch nur im elterlichen Siedlungsgarten — schätzen gelernt hat, wird den Weg aufs Land eher finden als eine Generation, die in städtischen Mietwohnungen groß geworden ist.

Die Voraussetzungen für diese Siedlungen waren bei den Firmen verschieden, und daher sind auch verschiedene Lösungen des heute so allgemein interessierenden Problems zustande gekommen. Wir hoffen, daß die hier mitgeteilten Erfahrungen allen Stellen, die dafür Interesse haben, Anregung geben werden, betonen aber, daß sie sich nicht ohne weiteres verallgemeinern lassen, weil die örtlichen, betrieblichen und sonstigen Bedingungen für die Errichtung solcher Siedlungen nicht allerorts die gleichen sind. Es ist durchaus möglich, daß selbst innerhalb desselben Konzerns an verschiedenen Orten verschiedene Lösungen gesucht werden müssen, um die neuen Gedanken in die Tat umzusetzen.

Essen					Weihnachten 1933					Berlin

Krupp von Bohlen und Halbach.					**C. F. von Siemens.**

Inhalt.

A. Allgemeine Fragen der industriellen Arbeiter-Siedlung.

Von Reg.-Bmstr. a. D. **W. Bolz**, Berlin-Nikolassee.

B. Praktische Durchführung industrieller Nebenerwerbs-Siedlungen.

Von Reg.-Bmstr. a. D. **W. Bolz**, Berlin-Nikolassee.

A. Allgemeine Fragen der industriellen Arbeitersiedlung.

Von Regierungsbaumeister a. D. **W. Bolz**, Berlin-Nikolassee.

1. Vorläufer der industriellen Arbeitersiedlung und Grundzüge der heutigen Arbeitersiedlungspolitik.

Vorläufer der industriellen Arbeitersiedlung. Mit der fortschreitenden Industrialisierung Deutschlands um die Mitte des 19. Jahrhunderts ergab sich die Notwendigkeit der Wohnungsfürsorge für die Arbeiterschaft. Als nach dem Kriege 1870/71 der rasche Aufschwung der Industrie einsetzte, zogen die neugegründeten Werke in kurzer Zeit vom Land her große Massen von Arbeitskräften zu sich heran. Dadurch entstanden die schnell errichteten Arbeitermietshäuser mit oft teuren und schlechten Wohnungen, um die einzelnen Werke herumgruppiert, wie wir sie noch heute im rheinisch-westfälischen Industriegebiet sehen können.

Wohnungsfürsorge. Zunächst versuchten wohltätige Vereine die schlechten Wohnungsverhältnisse der untersten Volksschichten zu bessern, waren jedoch mit ihren beschränkten Mitteln einer Lösung der Frage im großen nicht gewachsen.

Werkswohnungen. Einzelne Industrielle begannen bereits damals, eigene Werkssiedlungen mit gesunden Familienwohnungen für ihre Belegschaft zu schaffen. Alfred Krupp ist hier mit der Tat vorangegangen. Er sah das gewaltige Anwachsen der Arbeiterbevölkerung in den bisher kleinen Städten voraus und suchte dem kommenden Wohnungselend rechtzeitig entgegenzutreten. Die ersten Kruppschen Arbeiter-Wohnsiedlungen entstanden schon im Jahre 1861 und wurden in den Gründerjahren nach 1870 großzügig erweitert. In seinen letzten Lebensjahren ging Alfred Krupp in seinen Plänen sogar schon von der Wohnungsfürsorge zur eigentlichen bodenverbundenen Siedlung über, er befaßte sich mit dem Gedanken der Errichtung von Arbeiter-Eigenheimen in einer Gartenstadt. Durch ihn angeregt, haben dann auch andere Unternehmungen Werkswohnungen erbaut. Die Wohnungsfürsorge jener Zeit beruhte ausschließlich auf der privaten Initiative einzelner human eingestellter Unternehmerpersönlichkeiten. Sie war — wie Alfred Krupp es ausdrückte — „ganz einfach ein Akt der Nützlichkeit und der Nächstenliebe". Das allgemeine Ziel enthielt aber schon Grundgedanken der heutigen Siedlungspolitik. Als Alfred Krupp den Ankauf ausgedehnter Gelände und die Bereitstellung großer Mittel für den Bau von Werkswohnungen anordnete, äußerten seine leitenden Beamten Bedenken. Er erwiderte darauf in einem Brief anfang der 70er Jahre: „Ich bin fest überzeugt, daß alles, was ich empfohlen habe, notwendig ist, und daß die Folge es mehr als reichlich lohnen wird ... Wer weiß, ob dann über Jahr und Tag, wenn eine allgemeine Revolte durch das Land gehen wird, ein Auflehnen aller Klassen von Arbeitern gegen ihre Arbeitgeber, ob wir nicht die einzigen Verschonten sein werden, wenn wir zeitig noch alles in Gang bringen." Die Worte könnten heute geschrieben sein, wo man allgemein von der Aufrichtung eines Walles gegen den Bolschewismus spricht.

Um die Jahrhundertwende nahm der Bau guter und billiger Werkswohnungen einen neuen Aufschwung im Zusammenhang mit dem Hinauslegen vieler Industriewerke aus der Innenstadt. Seitdem werden fortlaufend in der Nähe der neuen Werksanlagen am Rande der Stadt zahlreiche Wohnkolonien gebildet, die jedoch überwiegend von Angestellten bewohnt werden. (Beispiele: Siemenswerke Siemensstadt; Borsig; Schwartzkopf.)

Gleichzeitig setzte in der Bevölkerung die Reaktion auf das rasche Anwachsen der Großstädte ein mit der Tendenz: Hinaus aus den ungesunden städtischen Verhältnissen, Wiederaufleben der Verbundenheit mit Natur und Boden. Diese Bestrebungen wurden unterstützt durch die Gedanken der Bodenpolitik, der Bodenreform im Kampfe gegen die Bodenspekulation. Diese erste Abwanderung aus der Stadt in der Vorkriegszeit erfaßte jedoch vorwiegend bürgerliche Kreise.

Arbeiter-Eigenheime. Nach der Unterbrechung durch den Weltkrieg entstand auf dieser Grundlage eine neue Wohnsiedlungswelle, die für Arbeiter die Schaffung von Kleinhäusern, wenn möglich Einzelhäusern im Freien anstrebte. Im Vordergrunde standen sozialhygienische und bevölkerungspolitische Ziele: Aussiedlung aus der Stadt zur Hebung der Volksgesundheit, zur körperlichen Ertüchtigung. Daneben spielten eine gewisse Rolle: Hebung der Geburtenziffer und Senkung der Sterblichkeitsziffer, obgleich die Wohnverhältnisse hierfür nicht allein ausschlaggebend sind. Der praktische Erfolg war noch verhältnismäßig gering. Die staatliche Unterstützung beschränkte sich in der ersten Nachkriegszeit fast ganz auf die landwirtschaftliche Siedlung (Reichssiedlungsgesetz 1919), erfaßte noch kaum die städtische Industriearbeitersiedlung.

Heutige Siedlungspolitik: Erwerbssiedlung. In Zusammenhang mit der Weltwirtschaftskrise setzte die 3. Phase der Arbeitersiedlungsbewegung ein, die über die bisherige Wohnungsfürsorge hinausgeht, die die eigentliche Siedlung für den Arbeiter schafft, und in der der Staat jetzt die Führung ergriff. Die Arbeitsmarktpolitik trat als neues Moment hinzu. Zur Linderung der Arbeitslosigkeit schuf man die Arbeitersiedlung, die außer der Wohnung eine Erwerbsquelle bietet: Ein Haus mit einem ausreichenden Stück Land, das der Siedler landwirtschaftlich ausnutzen soll. Das Schwergewicht liegt auf dem wirtschaftlichen Teil der Siedlung, nicht auf der Wohnung. Neben der Entlastung des Arbeitsmarktes werden damit die allgemein-nationalen Ziele verfolgt: Gesundung der Volksgemeinschaft, Pflege der Familie, Hebung des Arbeiterstandes, Entproletarisierung durch Bodenständigkeit, Scholleverbundenheit, Eigentum, Bekämpfung der marxistischen Entwurzelung. Erst die Siedlung in der heutigen Form, die nicht nur die Wohnverhältnisse bessert, sondern auch den Nahrungsspielraum vergrößert, kann, zusammen mit der Abkehr von der materialistischen zur idealistischen Weltanschauung, bevölkerungspolitisch tatsächlich wirksam sein, zur Hebung der Geburtenzahl und der Qualität des Nachwuchses beitragen.

Formen. In der heutigen vom Reich geförderten Siedlungstätigkeit sind grundsätzlich zwei Formen der Siedlung zu unterscheiden:

1. Die ländliche, bäuerliche Siedlung (Vollerwerbssiedlung), die hier nicht behandelt wird,
2. die vorstädtische Kleinsiedlung (Nebenerwerbssiedlung).

Die vorstädtische Kleinsiedlung unterteilt sich weiter in:

a) die Siedlung von Erwerbslosen und
b) die Siedlung von Erwerbstätigen — die eigentliche Industriesiedlung —,

die entweder als

   Siedlung von Kurzarbeitern oder als
   Siedlung von Vollarbeitern

durchgeführt werden kann.

Nur mit dieſer letzten Siedlungsart: der induſtriellen Siedlung von Erwerbstätigen, beſchäftigt ſich dieſe Schrift.

Die im Jahre 1931/32 vom Reich eingeleitete Aktion zur Förderung der vorſtädtiſchen Kleinſiedlung von Arbeitern war zunächſt auf Erwerbsloſe abgeſtellt.

Die Regierung der nationalen Erhebung hat in neueſter Zeit die Anſiedlung von Kurzarbeitern und auch Vollarbeitern gegenüber der Erwerbsloſenſiedlung in den Vordergrund gerückt. Damit iſt die Siedlung unſeres Erachtens auf den richtigen Weg gelenkt.

Vorzüge der Siedlung von Kurz- und Vollarbeitern gegenüber der Erwerbsloſenſiedlung. Die vorſtädtiſche Kleinſiedlung kann ihrer Art nach nur einen Teil des Lebensbedarfs decken. Sie dient der Erzeugung für den Eigenverbrauch, nicht für den Verkauf. Bargeld iſt aus der Kleinſiedlung nicht herauszuwirtſchaften. Der Siedler braucht daher ein hauptberufliches Einkommen zur Deckung des Reſtbedarfs wie auch zur Abzahlung der auf der Siedlung ruhenden Laſten. Der Kurzarbeiter hat noch dieſen notwendigen finanziellen Rückhalt in ſeinem Arbeitsverdienſt und kann unabhängig gemacht werden von der Kurzarbeiterunterſtützung, während der Erwerbsloſe auf Staatshilfe angewieſen iſt, und der Staat daher in ſeiner Erwerbsloſenunterſtützung für immer belaſtet bleibt. Dieſe Überlegung allein berechtigt ſchon zur Ablehnung der Erwerbsloſenſiedlung. Es ſprechen aber noch andere Dinge gegen dieſe Siedlungsform. Gewiß iſt es für den Erwerbsloſen ein Gewinn, in der Siedlung wieder Beſchäftigung zu haben. Doch beſteht die Gefahr, daß er ſich mit ſeiner Siedlerſtelle neben der ſtaatlichen Unterſtützung begnügt, ſomit nicht nur ſeine fachliche Übung, ſondern auch den Arbeitswillen verliert, und möglicherweiſe aus dem induſtriellen Arbeitsprozeß für immer ausgeſchaltet wird. Siedelt man dagegen Arbeiter an, die noch Beſchäftigung haben, ſo bleiben ſie ihrem urſprünglichen Beruf erhalten. Durch den Zuſatzerwerb aus der Siedlung werden ſie unabhängiger von Konjunkturſchwankungen, man schafft den sog. „krisenfesten Arbeiter". Für den noch tätigen Arbeiter wird durch die Werkssiedlung die Verbundenheit mit seinem Arbeitsplatz erhöht, die für den Erwerbslosen nicht besteht. Außerdem werden bei der Ansiedlung von Kurzarbeitern, die zum Erhalt der Siedlerstelle auf einen Teil ihrer Fabrikarbeit verzichten, Arbeitsplätze in der Industrie frei zur Neueinstellung bisher Erwerbsloser. Das Ausmaß der dadurch erreichten Entlastung des Arbeitsmarktes hängt natürlich ab vom Stande der betriebsüblichen Arbeitszeit. Für den Kurzarbeiter bringt die Siedlung gleichzeitig eine gute Lösung der Freizeitgestaltung.

Die vorstädtische Kleinsiedlung für Erwerbslose ist daher grundsätzlich abzulehnen. Sie erscheint nur noch in sehr beschränktem Maße in der Form der Umsiedlung berechtigt, d. h. dort, wo es möglich ist, Erwerbslose aus Bezirken mit andauernder Arbeitslosigkeit in besser beschäftigte Gebiete umzuleiten, falls sie dort sicher Aussicht auf Arbeit haben. Diese Fälle dürften jedoch nur in geringem Umfange vorkommen, wohl hauptsächlich bei der Rücksiedlung der neu in die Großstadt Zugezogenen. Besser ist es jedoch, wenn der Arbeiter erst seine Beschäftigung gesichert hat, ehe er zum Siedeln kommt, da dem bereits angesiedelten Erwerbslosen die Freizügigkeit fehlt, und ihm dadurch die Arbeitssuche erschwert werden kann.

Für Unternehmungen, deren Stammbelegschaft noch nicht zur Kurzarbeit übergegangen ist, verdient die Vollarbeitersiedlung den Vorzug. Sonst würden nicht die tüchtigsten Kräfte der Arbeiterschaft der Siedlung zugeführt werden. Im Interesse der Bewirtschaftung der Siedlung wie auch im Interesse der Sicherheit des darin investierten Kapitals dürfen nur solche Arbeiter angesiedelt werden, die voraussichtlich niemals zur Entlassung kommen. Bei der Ansiedlung von Vollarbeitern steht neben den allgemeinen Zielen im Vordergrund die Erhöhung der Verbundenheit mit dem Werk, mit dem Arbeitsplatz, mit dem Beruf. Bei eventuellem Übergang zu Kurzschichten ist der Lebensstandard des Arbeiters gesichert.

Thema der Broschüre. Aus diesen Gründen haben die Firmen Krupp und Siemens sich von vornherein bewußt für die Ansiedlung ihrer eigenen noch im Werk beschäftigten Arbeiter eingesetzt. Sie haben durch die bereits abgeschlossene Errichtung solcher Siedlungen die praktische Durchführbarkeit erprobt. Damit ist der Weg beschritten, den schon Werner Siemens in einem Brief aus dem Jahre 1888 für die Entwicklung des Arbeiter-Wohnungswesens vorgezeichnet hat. Zunächst sollten — so schreibt er — einzelne Industrielle den Versuch eigener Siedlungsbauten für ihre Arbeiterschaft durchführen und Erfahrungen sammeln. Er schließt mit den Worten: „Wenn auf dieser Grundlage der Beweis geführt wäre, daß die Sache praktisch durchführbar und sogar rentabel sei, so wäre die Bahn für die Beteiligung des Kapitals im großen gebrochen!"

Die Planung, die Durchführung und der Erfolg der

Kurzarbeitersiedlungen der Siemens-Werke

und der

Vollarbeitersiedlungen der Fried. Krupp A. G.

werden im folgenden mit ihren besonderen Problemen getrennt dargestellt.

Ehe in diese Einzelschilderungen eingetreten wird, soll noch vorweg gesondert die Grundfrage aller Siedlungstätigkeit, die Finanzierung, kurz systematisch behandelt werden.

2. Formen der Finanzierung. Von der Staatsfinanzierung zur Privatfinanzierung.

Die Grundfrage jeder Siedlungstätigkeit ist die nach der Beschaffung der erforderlichen Geldmittel. Für die Siedlung von Industriearbeitern sind theoretisch folgende Möglichkeiten der Finanzierung vorhanden:

Finanzierung durch den Siedler selbst,
     „   „   den Staat,
     „   „   die Industrie, der der Siedler zugehört,
     „   „   den freien Kapitalmarkt.

Eine Kapitalbeteiligung des Siedlers selbst kommt, da es sich um Ansiedlung von Arbeitern handelt, nicht nennenswert in Betracht. Bei Erwerbslosen ist eigenes Kapital überhaupt nicht vorauszusetzen, bei Kurzarbeitern kann ebenfalls nur in seltenen Fällen mit geringen Ersparnissen gerechnet werden, und selbst Vollarbeiter dürften nur kleinere Zuschüsse zur Verfügung haben. Die Beteiligung des Siedlers beschränkt sich daher auf Arbeitsleistung, Mithilfe beim Aufbau der Siedlung.

Scheidet Kapitalbeschaffung durch den Siedler im wesentlichen aus, so kann die Siedlung entweder als Wohlfahrtseinrichtung aufgebaut werden (getragen vom Staat allein oder vom Staat mit sozialen Zuschüssen der Industrie), oder als privatwirtschaftliche Unternehmung mit Geldern des freien Kapitalmarktes.

Wohlfahrtssiedlung: Reine Staatsfinanzierung. Die vom Reich eingeleitete und bisher durchgeführte Siedlungsaktion ist im wesentlichen als Wohlfahrtseinrichtung auf Staatsfinanzierung abgestellt. Nach dem seinerzeit vom Reichssiedlungskommissar Saffen aufgestellten Finanzierungsplan stellt das Reich das Aufbaukapital als Darlehen zur Verfügung, und zwar zu einem — verglichen mit den Sätzen des freien Marktes — ungewöhnlich niedrigen Zinssatz, bei sehr langsamer Amortisation. Die Gemeinden überlassen verwendbares Freiland in Erbbau gegen einen ebenfalls billigen Erbbauzins. In Einzelfällen kann das Gelände auch von der öffentlichen Hand zu Eigentum übertragen werden bei niedrigem Kaufpreis, den der Siedler in Raten abzahlt. Solange es sich um Erwerbslosensiedlungen handelt, also um eine reine Maßnahme der Erwerbslosenfürsorge, erscheint Staatsfinanzierung berechtigt. Staat und Gemeinden sind in erster Linie an der Versorgung und Beschäftigung der Arbeitslosen interessiert. Außerdem können diese Siedler, da sie kein Arbeitseinkommen haben, eine normale Belastung nicht tragen.

Staatsfinanzierung mit Industriezuschüssen. An der Kurzarbeitersiedlung besteht ebenfalls ein starkes Interesse des Staats. Das Reich fördert die Kurzarbeitersiedlung, damit durch Übergang zur Kurzarbeit Neueinstellungen vorgenommen, zumindest Entlassungen vermieden werden können, ohne daß die Kurzarbeiter zu sehr in ihrem Konsumvermögen geschmälert werden. Eine Entlastung des Arbeitsmarkts, eine Verringerung der Ausgaben für Erwerbslosen- und Kurzarbeiterunterstützung werden dadurch bewirkt.

Es tritt jedoch hier ein neues Moment hinzu: Das Interesse der Industrie an ihren Kurzarbeitern. Bei einsetzendem Arbeitsmangel werden zuerst die weniger guten Arbeiter entlassen. Bei fortschreitendem Rückgang der Beschäftigung wird das Unternehmen trotz der damit verbundenen Mehrbelastung zu Kurzschichten übergehen, um sich die besten Kräfte für künftigen Wiederaufbau zu erhalten. Es handelt sich daher bei Kurzarbeitern um Leute, die den Stamm der Belegschaft bilden. Hier ist die Mitbeteiligung der Industrie an der Finanzierung als Wohlfahrtsausgabe naheliegend, zumal — wie später noch im einzelnen ausgeführt wird — die Kurzarbeitersiedlung im Aufbau etwas teurer ist als die Erwerbslosensiedlung. Diese industrielle Beteiligung kann einmal durch Hergabe von Gelände erfolgen. Viele Unternehmungen haben während der Hochkonjunktur zur weiteren Ausdehnung ihrer Anlagen Land erworben, für das bei der jetzigen Wirtschaftslage in absehbarer Zeit keine Aussicht auf Verwendung für den ursprünglichen Zweck besteht. Ein Teil dieses Geländes, das seiner Lage wegen für Werkssiedlungen besonders geeignet ist, wird häufig zu verhältnismäßig geringem Preis abgegeben werden können. Zum anderen kommt Beteiligung der Industrie durch finanzielle Beihilfe in Betracht, sei es durch Hergabe verlorener Zuschüsse oder durch Darlehensgewährung zu ermäßigtem Zinssatz. Die Errichtung umfangreicher Siedlungen mit industrieller Beihilfe wird natürlich im wesentlichen nur Großunternehmungen möglich sein.

Ein Beispiel hierfür ist die Finanzierungsform der Kurzarbeitersiedlungen der Siemens-Firmen. Die Errichtung der Siedlerstellen erfolgte hier mit Hilfe der üblichen Reichsdarlehen, zu denen die Siemensfirmen noch einen freiwilligen verlorenen Zuschuß beisteuerten. Ferner wurden von den Firmen unverzinsliche Darlehen zum Ausbau von Dachkammern gewährt. (Die Einzelheiten der Finanzierung werden später bei der Schilderung der Siemens-Siedlungen gegeben.)

Finanzierung mit Privatkapital. Die Siedlung — wie bisher beschrieben und praktisch fast ausschließlich durchgeführt — hat überwiegend den Charakter einer Wohlfahrtseinrichtung, da sie mit Zuschüssen, sei es in Form barer Zubußen oder durch Gewährung niedriger Verzinsung, aufgebaut ist. Soll die Siedlung in großem Maßstab durchgeführt werden, und erst dann kann sie volkswirtschaftlich gesehen wirkungsvoll sein, reichen Wohlfahrtsmaßnahmen allein nicht aus. Die soziale Belastung würde zu hoch. Es müssen größere

Kraftquellen erschlossen werden. Der freie Kapitalmarkt muß interessiert, die Initiative des Privatkapitals hierfür nutzbar gemacht werden. Dazu ist erforderlich, daß die Siedlung nach normalen privatwirtschaftlichen Gesichtspunkten aufgezogen wird, daß sie zu einer sicheren und auch ertragbringenden Kapitalsanlage gemacht wird. Das bedeutet: Normale Verzinsung des investierten Kapitals und nicht zu langsame Tilgung, bei genügender Sicherheit. Der Wert der Siedlungstätigkeit wird durch diese Finanzierungsform außerdem erhöht, da sie den selbständigen Arbeiter erzieht, der nicht von Unterstützungen lebt.

Die Möglichkeit der Privatfinanzierung wird hier untersucht, und zwar für das Aufbaukapital. Da der Arbeiter durch die Siedlung nicht zu hoch belastet werden darf, muß Grund und Boden auch weiterhin billig zur Verfügung gestellt werden, wie es bisher durch Reich, Staat, Gemeinden und Industrie geschehen ist.

Zur Beantwortung der Frage, ob eine zuschußfreie, sich selbst erhaltende Siedlung praktisch möglich ist, sind vier Untersuchungen nötig.

1. Wieviel Geld braucht man zum Aufbau einer Siedlerstelle?

2. Welche Belastung kann der Siedler tragen?

3. Ist das erforderliche Kapital für den vom Siedler aufzubringenden Preis zu haben?

4. Ist ausreichende Sicherheit für die Kapitalsanlage vorhanden?

Anlagekosten. Die Kosten zur Anlage einer Siedlerstelle müssen so bemessen werden, daß damit eine wirklich brauchbare Stelle geschaffen werden kann, d. h. die Parzelle muß in Größe und Qualität genügende Ertragfähigkeit verbürgen, das Haus muß in Anlage und Einrichtung hygienisch einwandfrei, ausreichend geräumig und solide gebaut sein, da übermäßige Instandhaltungskosten wie ungenügender Ertrag die Rentabilität und damit das Gelingen der Siedlung überhaupt gefährden. Praktisch hat sich nach den bisherigen Erfahrungen ergeben, daß bei den augenblicklichen Preisverhältnissen eine Siedlungsstelle bei einer Parzellengröße von rund 1000 qm und einem Haus, entsprechend den Reichsrichtlinien, für Erwerbslose mit etwa 2500 RM errichtet werden kann. Für Kurzarbeiter- und Vollarbeitersiedlungen sind etwa 3000 RM erforderlich. (Die Erhöhung der Anlagekosten für Erwerbstätigensiedlungen wird später begründet.)

Belastung des Siedlers. Die bisherige Finanzierung mit verbilligten Reichsdarlehen belastet den Siedler normalerweise nur mit 16—17 RM monatlich oder rund 200 RM. jährlich auf eine Zeit von etwa 45 Jahren. (Zins- und Tilgungsquoten für das Darlehen, Geländepacht und sonstige Unkosten an Steuern, Versicherungen, Instandhaltung usw.)

Die höchste Belastung, die dem Siedler zugemutet werden kann, ist natürlich verschieden je nach den örtlichen Verhältnissen, der Lohnhöhe, den Lebenshaltungskosten usw. Im allgemeinen läßt sich sagen, daß die laufenden Unkosten einer Siedlerstelle möglichst den Betrag nicht übersteigen sollten, den der Arbeiter für seine Stadtwohnung bezahlt. Erreichen die Unkosten die Stadtmiete, wird der Siedler zunächst zwar nicht entlastet, gewinnt jedoch gegen früher den Ertrag aus Grund und Boden und den Vorteil der besseren Wohnung.

Beispiel für Berlin. Geht man zunächst von den Berliner Verhältnissen und den Erfahrungen bei den Siemenssiedlungen aus, so ergibt sich folgende Berechnung:

Die gesetzliche Miete einer Kleinwohnung in Berlin betrug nach dem Jahrbuch der Stadt (Jahrgang 1932, S. 35) im Jahre 1930

für 1 Zimmer mit Küche = 32,04 RM,
„ 2 „ „ „ = 46,73 RM.

Eine Rundfrage bei den Siedlern der Siemens-Siedlungen Staaken, Spekte und Hohenzollernkanal (erfaßt wurden etwa 400 Familien) ergab, daß die Siedler in Berlin an Miete gezahlt hatten:

für 1 Zimmer mit Küche im Durchschnitt 28,37 RM
„ 2 „ „ „ „ „ 41,04 RM monatlich.

Bei Mitberücksichtigung auch der abgelehnten Bewerber (erfaßt werden konnten rund 900 Familien) lag der Gesamtmietsdurchschnitt pro Wohnung

bei etwa 37,50 RM monatlich.

Unter 25 RM ging kaum eine Wohnung, während eine ganze Reihe von 2—$3\frac{1}{2}$ Zimmerwohnungen 50—70 RM kostete (fast 10 %).

Diese Durchschnittsmiete von 37.50 RM monatlich, das sind 450 RM im Jahr, soll zunächst in unserem Beispiel für Berlin als

Grundlage für die Berechnung der möglichen Siedlerbelastung genommen werden. Setzt man hiervon die gleichbleibenden laufenden Unkosten für Versicherungen, Steuern, Instandhaltung usw. ab — zusammen etwa 30 RM jährlich —, so bleibt ein Betrag von rund 420 RM. Der Pacht- bzw. Erbbauzins für die normale Parzelle (1000 qm) beträgt bei den bisherigen Siedlungen etwa 3,5 bis 4,0 Pf./qm, also rund 35—40 RM jährlich. Somit blieben dann noch etwa 380—385 RM im Jahr für Verzinsung und Tilgung des Baukapitals, das sind für die angenommene Summe von 3000 RM reichlich 12%.

Beschaffung von Leihkapital. Rechnet man für das Anlagekapital mit einem Zinssatz von etwa 7% (einschließlich Unkosten) — ein Zinssatz, der für sichere Anlagen des Privatkapitals z. B. 1. Hypotheken zur Zeit wohl als üblich angesehen werden kann —, so bleiben für die Tilgung der Schuld rund 5%. Das würde eine Laufdauer von etwa 12 Jahren bedeuten. Der Staat strebt augenblicklich nach einer allgemeinen Zinssenkung. Wenn hierdurch eine Senkung des Zinssatzes auf vielleicht 5% erreicht würde — und eine Zinssenkung oder Erhöhung der Tilgungszeit wäre bei der Siedlung auch noch durch Verstärkung der Sicherheit zu erzielen —, so erhöht sich die Tilgungsquote auf 7%, die dann zu einer nur noch 10jährigen Tilgungsdauer führt.

Auf der Grundlage der Berliner Durchschnittsmiete für Arbeiterwohnungen wäre der Aufbau einer Siedlung mit privatem Leihkapital durchführbar. Der Siedler erhielte keine zusätzliche Belastung, und käme statt dessen in den Besitz der viel wertvolleren Siedlerstelle. Sehr ins Gewicht fällt dabei, daß er schon nach rund 10 Jahren völlig lastenfrei wird. Es bleiben ihm dann nur noch die geringen laufenden Unkosten (Instandhaltung usw.) und der Erbbauzins (bzw. Kaufpreisraten), die zusammen im Jahr nur etwa 65—70 RM oder 6 RM monatlich ausmachen.

In mehreren Großstädten liegen die Verhältnisse ähnlich (z. B. Hamburg, Frankfurt a. M. u. a.).

Beispiel für niedrigere Mieten. Für viele Städte ist allerdings mit wesentlich niedrigeren Mieten zu rechnen. Außerdem ist bei dem Ansetzen der Durchschnittsmiete — wie im Berliner Beispiel geschehen — zu bedenken, daß für einen Teil der Siedler, deren tatsächliche Miete unter diesem Durchschnitt liegt, durch die Siedlung eine Mehrbelastung entstehen würde.

Der praktisch unterste Mietssatz betrug bei den Bewerbern der Siemenssiedlungen Berlin etwa 25 RM. Dieser Satz kann gleichzeitig als Miete für einen großen Teil unserer deutschen Mittelstädte und auch für einige Großstädte angesetzt werden. Führt man die gleiche Berechnung von dieser Mietsumme aus durch, also von jährlich 300 RM, so bleiben für Verzinsung und Tilgung des Anlagekapitals rund 230—240 RM, das sind, auf ein gleich hohes Aufbaukapital von 3000 RM bezogen, 7—8%. Eine 7%ige Verzinsung scheidet hier von vornherein aus. Selbst bei einem Zinssatz von 5% wären nur noch 2—3% zur Tilgung verfügbar. Das entspräche einer Tilgungsdauer von 20—26 Jahren. Mit einer derartig langen Tilgungsdauer ist am freien Kapitalmarkt jedoch normalerweise nicht zu rechnen. Für die Großstadtarbeiter der kleinsten Wohnungen ist es aber am wichtigsten, aus dieser Enge hinaus in die Siedlung zu kommen. Eine ganze Anzahl wird bereit sein, für den Ertrag aus Grund und Boden der Siedlerstelle und die wesentliche Verbesserung der Wohnverhältnisse eine Zusatzbelastung auf sich zu nehmen. Wenn das Privatkapital eine höchste Tilgungsdauer von 10 Jahren verlangt, so müßte der Siedler mit bisheriger Stadtmiete von 25 RM monatlich etwa 12 RM mehr ausgeben. Eine Mehrbelastung, die — wie schon betont — nur auf 10 Jahre bestände. Vom 11. Jahre ab wohnt er mit 6 RM monatlichen Unkosten erheblich billiger als in der Stadt. Da er in der Siedlung Raum genug hat, auch mitverdienende Kinder zu sich zu nehmen, wird mancher diese 10jährige Zusatzbelastung auf sich nehmen können. Wir glauben daher, daß noch bei diesen Verhältnissen genügend Anreiz zum Siedeln vorhanden ist.

Für die Siedlungen der mittleren und kleineren Städte entsteht eine Erleichterung dadurch, daß hier die Preise niedriger sind und auch der Transport einfacher ist. Daher wird das Aufbaukapital für die Siedlung und damit auch die laufende Belastung des Siedlers etwas niedriger gehalten werden können als im Berechnungsbeispiel.

Sicherheit der Kapitalsanlage. Wie steht es nun mit der Sicherheit der Kapitalsanlage in solchen Siedlungsbauten? Die zur Verfügung gestellten Darlehen gehen in vielen kleinen Beträgen von

2500—3000 RM auf viele Schuldner über. Diese weitgehende Unterteilung verringert das Risiko eines Ausfalles gegenüber einem Einzelschuldner, bei dem im Konkursfalle das ganze Darlehen gefährdet ist. Es ist volkswirtschaftlich viel richtiger, 100 Hypotheken zu 3000 RM zu geben, als eine große Hypothek von 300000 RM. Gerade in der heutigen armen Zeit ist es sicherer, sein Geld in Kleinhäusern anzulegen als in großen Einzelbauten. Mit der Fortführung der Arbeitsbeschaffung dürfte dazu ein erhöhter Bedarf an Kleinwohnungen einsetzen, wenn die bisher Arbeitslosen ihre Notquartiere aufgeben können. Die Kleinsiedlerstellen insbesondere, die neben der Wohnung noch eine Erwerbsmöglichkeit bieten, versprechen ein begehrtes, leicht verkäufliches Objekt zu werden, so daß die Gefahr späteren Ausfalls einzelner Siedler nicht groß erscheint.

Die dingliche Sicherheit der Hypotheken ist gut. Der Siedler steckt zumindest seine Arbeitsleistung schon in den Bau der Siedlung hinein und erhöht den Marktwert der Siedlerstelle fortlaufend durch weiteren Ausbau und intensive Kultivierung. Auch die Belebung aller mit dem Siedlungsbau zusammenhängenden Gewerbe darf nicht übersehen werden.

Der Industriearbeiter bietet als Schuldner durchaus auch genügende persönliche Sicherheit. Es ist nicht richtig, im Arbeiter einen wirtschaftlich weniger kräftigen Schuldner zu sehen. Bei der Ansiedlung der Stammbelegschaft der Industrie, seien es nun Kurz- oder Vollarbeiter, handelt es sich vielmehr um die wichtigsten und tüchtigsten Arbeiter des Unternehmens, die eben deshalb auch in Krisenzeiten nicht entlassen, sondern soweit irgend möglich durchgehalten werden. Die Siedlung verbindet diese Arbeiter noch enger mit ihrem Arbeitsplatz, die seßhaften bodenständigen Arbeiter werden vom Werk am längsten gehalten. Und aus den Kindern der Siedlerfamilien wird sich ein großer Teil des Nachwuchses des Unternehmens heranbilden. Der finanzielle Rückhalt aus dem Arbeitseinkommen ist daher weitgehend sichergestellt. Ein weiterer Vorteil der Siedlung von Erwerbstätigen der Industrie liegt darin, daß durch den Arbeitgeber der Zugriff auf den Lohn zur Abtragung der Zins- und Tilgungslasten möglich ist. Hier wäre daran zu denken, eventuell auch den Zugriff auf den an sich pfändungsfreien Lohnbetrag insoweit freizugeben, als es zur Erfüllung der Verbindlichkeiten aus den Siedlungsschulden notwendig ist. Die Sicherheit könnte außerdem noch dadurch erheblich verstärkt werden, daß der Staat in irgendeiner Form eine Garantie für das angelegte Kapital übernimmt — eine Forderung, die dann berechtigt und erfüllbar erscheint, wenn es sich um Ansiedlung von betriebswichtigen Arbeitern handelt, die auch in Krisenzeiten mit fester Arbeit rechnen können. Es muß vermieden werden, daß dem Staat hieraus gerade in Zeiten schlechter Konjunktur eine Belastung entsteht. Diese Garantie wird ihn selbst in den ungünstigsten Zeiten immer noch geringer belasten als die Aufbringung des gesamten Kapitals für den Siedlungsbau, wie es zur Zeit noch die Regel ist.

Daß die Finanzierung einer Industriesiedlung mit Privatkapital praktisch tatsächlich durchführbar ist, zeigt das Beispiel der Krupp-Gruson-Siedlung, deren Finanzierung im 2. Teil dieser Schrift ausführlich erläutert wird. Das Krupp-Gruson-Werk in Magdeburg hat mit seiner Finanzierungsform der Siedlung neue Wege erschlossen.

Das Aufbaukapital wurde von einem Versicherungsunternehmen als langfristiges Darlehen zur Verfügung gestellt gegen gleichzeitigen Abschluß einer Lebensversicherung der Siedler.

Die Besonderheit des später im einzelnen geschilderten Weges liegt darin, daß durch Einschaltung der Lebensversicherung eine längere Laufzeit, als am freien Kapitalmarkt üblich, erreicht wird.

Ausblick. Unsere Erfahrungen und Berechnungen lassen erwarten, daß auch weitere Wege zur Hypothekenbeschaffung für die Siedlung zu finden sind. Gelder aus dem Hypotheken- und Pfandbriefmarkt und eventuell auch von den Sparkassen sind gewiß dem Siedlungsbau zuzuführen. Anfragen anderer Industrieunternehmen lassen erkennen, daß an manchen Stellen bereits Versuche schweben, privatwirtschaftlich finanzierte Siedlungen aufzubauen. Natürlich darf die Heranziehung von Privatkapital nur allmählich erfolgen, da eine plötzliche Nachfrage großer Summen eine Zinssteigerung hervorrufen könnte, die die Heranziehung von Siedlungskapital erschweren würde. Nach Möglichkeit sollten die einzelnen Industrieunternehmen durch direkte Abschlüsse mit einzelnen Geldgebern Wege der Privatfinanzierung suchen. Das persönliche Vertrauen, das das Einzelunternehmen genießt, wird den Abschluß erleichtern. Wo dies nicht gelingt, z. B. bei kleinen Betrieben, die nur eine sehr geringe Zahl von Arbeitern siedeln können, wäre vielleicht eine Zwischenschaltung des Staats zur Vermittlung hypothekarischer Kredite notwendig. Bei Siedlungen kleinen Umfanges wäre ein Zusammenschluß außer bei der Finanzierung auch für die praktische Bauarbeit der Siedlung erwünscht. Denn es läßt sich natürlich eine Siedlung von 100 Stellen leichter und mit geringeren Generalkosten errichten als eine Siedlung von 10 Stellen. Zu diesem Zwecke sollten sich daher kleinere Firmen, die örtlich nicht zu weit voneinander entfernt liegen, zu einer gemeinschaftlich zu errichtenden größeren Siedlung zusammenschließen auf einem Gelände, das für alle Siedler erreichbar ist.

Jedenfalls erscheint es durchaus möglich, Nebenerwerbssiedlungen der Industriearbeiter mit Privatfinanzierung zu errichten. Hierin liegt gleichzeitig eine Gewähr für die Produktivität der Siedlung. Denn das Privatkapital wird nur für wirklich solide, wirtschaftlich gesunde Siedlungstätigkeit zu gewinnen sein. Es wird sich von selbst zurückziehen, wenn einmal die Siedlung wie alle Sozialpolitik die Grenze erreichen sollte, an der sie aufhört wirtschaftlich produktiv zu sein, und damit gewissermaßen eine automatische Sicherung gegen Übertreibungen und schlechte Anlagen bieten. Bei der hohen Belastung der Bevölkerung mit Steuern und Sozialabgaben sollte der Weg privater Finanzierung soweit irgend möglich beschritten werden, um die Finanzen des Staates zu entlasten.

B. Praktische Durchführung industrieller Nebenerwerbs-Siedlungen.

I. Die Siemens-Siedlungen für Kurzarbeiter.

Von Regierungsbaumeister a. D. **W. Bolz**, Berlin-Nikolassee.

1. Projekt der Siedlungen.

a) Umfang und Planung.

Umfang. Anfang des Jahres 1932 haben die Siemens-Firmen im Rahmen der Reichssiedlungsaktion mit der Errichtung von Nebenerwerbssiedlungen für ihre Kurzarbeiter begonnen. Die damals in Angriff genommene „Siemenssiedlung Staaken" war die erste Kurzarbeitersiedlung innerhalb der Berliner Stadtrandsiedlung, die sich damals auf Erwerbslose beschränkte.

Die im 1. Bauabschnitt errichtete „Siemens-Siedlung Staaken" umfaßt 216 Siedlerstellen, die — im Mai 1932 begonnen — in der Zeit Oktober 1932 bis März 1933 fertiggestellt wurden und jetzt von den Siedlern bereits bewirtschaftet werden.

Der gute Erfolg dieser ersten Siedlung und das wachsende Interesse der Arbeiterschaft daran bewogen die Firmenleitung, sich im Winter 1932/33 im zweiten Bauabschnitt der Berliner Stadtrandsiedlung, einer Aufforderung der Stadtverwaltung folgend, wiederum zu beteiligen. Es wurde die „Siemens-Siedlung Spekte" (zu Berlin-Spandau gehörig) mit 94 Stellen im Frühjahr 1933 in Angriff genommen. Sie steht zur Zeit kurz vor ihrer Fertigstellung.

Im Herbst 1933 wurde im 3. Bauabschnitt die „Siemens-Siedlung Hohenzollernkanal" vorgesehen mit zunächst 162 Siedlerstellen. Eine Erweiterung um 90 Stellen ist bereits beabsichtigt. Die Siedlung Hohenzollernkanal befindet sich zur Zeit in Vorbereitung.

Auch das Nürnberger Werk der Siemens-Schuckertwerke A. G. hat die Siedlungstätigkeit aufgenommen. Für Kurzarbeiter des Nürnberger Werks wird noch in diesem Winter mit einer Siedlung von 45 Stellen begonnen, eine Erweiterung auf 100 ist geplant.

Damit haben die Siemens-Firmen seit Beginn des vorigen Jahres insgesamt für über 600 ihrer Kurzarbeiter die Möglichkeit geschaffen, sich auf eigenem Grund und Boden anzusiedeln, und haben allein an Barzuschüssen für diesen Zweck im ganzen über eine Viertel Million Reichsmark zur Verfügung gestellt.

Arbeitsmarktpolitische Auswirkung. Der Grundgedanke bei Beginn der Kurzarbeitersiedlungen war: Der Siedler verpflichtet

Abb. 1. Siemens-Siedlung Staaken, vom Flugzeug aus aufgenommen.
Aufnahme: Klinke & Co., Berlin.

sich, nicht mehr als 3 Tage pro Woche im Werk zu arbeiten. Für die dadurch freiwerdende Fabrikarbeit werden Erwerbslose neu eingestellt. Das würde bei voller 6 Tage-Beschäftigung eine Entlastung des Arbeitsmarktes um ebensoviel Erwerbslose, als Arbeiter gesiedelt werden, bedeuten. Praktisch ist jedoch diese arbeitsmarktpolitische Auswirkung nicht so stark gewesen, da inzwischen die Kurzarbeit weiter durchgeführt worden und die Arbeitszeit in den Siemenswerken im Durchschnitt bereits auf etwa 4—5 Tage gesunken war. Je Siedler wurde daher im Durchschnitt nur etwa 1 Arbeitstag je Woche frei.

Planung. Die Planung der gesamten Anlage erfolgt durch die Bauabteilung der Siemens-Firmen, die auch die Leitung des Baues selbst übernimmt. Alle sozialpolitischen Fragen: Auswahl der Siedler, Arbeitszeitregelung, Gründung des Siedlervereins usw. werden durch die sozialpolitische Abteilung erledigt. Auch die Gartenbauabteilung wird zur landwirtschaftlich-gärtnerischen Beratung herangezogen.

Der Aufbau der Siedlung wird von den Siedlern selbst an den drei arbeitsfreien Wochentagen in Gemeinschaftsarbeit vorgenommen. Die Durchführung im einzelnen wird später genau dargelegt.

Da die Siedler während der Zeit des Aufbaues Arbeitnehmer der Siemens-Firmen bleiben und während der Bautätigkeit selbst der Leitung der Siemens-Bauabteilung unterstehen, bietet die Sozialversicherung der Siedler keine besonderen Schwierigkeiten. Die Berufsgenossenschaft für Feinmechanik hat auch für die Bautätigkeit die Unfallhaftung übernommen. Für den Krankheitsfall sind die Siedler als Mitglieder der Betriebskrankenkasse der Siemenswerke versichert.

Das ganze Projekt der Siedlungen wird nach den Reichsrichtlinien für vorstädtische Kleinsiedlungen ausgeführt.

Lage des Geländes. Das Gelände muß so ausgewählt werden, daß die Siedler ihre Arbeitsstätte von dort aus leicht erreichen können. Die erste Siedlung, Staaken, wurde auf einem bisher in Reichsbesitz befindlichen Gebiet, neben der Gartenstadt Staaken, errichtet. Für die zweite Siedlung, Spekte, wurde von der Stadtverwaltung ein am Ausgang der Staakener Siedlung gelegenes Gelände erworben. In beiden Fällen war der Boden größtenteils schon seit Jahren als Acker in Kultur und daher ohne große Vorarbeiten sofort ertragfähig. Die Verkehrsverhältnisse sind für Berlin sehr günstig. Von den Siedlungen aus erreicht man bequem mit der Vorortbahn über Spandau die Siemenswerke in $^{1}/_{4}$—$^{1}/_{2}$ Stunde Fahrzeit. Außerdem besteht Autobus- und Straßenbahnverbindung. Schule, Arzt, Apotheke usw., sowie alle Einkaufsmöglichkeiten sind in der benachbarten Gartenstadt Staaken vorhanden. In der Siedlung Spekte ist, da sie gegen Staaken etwas abgelegener ist, ein Haus nach besonderem Plan mit Laden zum Verkauf von Lebensmitteln eingerichtet. Die Führung des Geschäfts wird einem als Siedler mitarbeitenden ehemaligen Angestellten der Siemens-Firmen übertragen. Die Belieferung erfolgt durch die eigene Lebensmittelabteilung der Firmen, die derartige Verkaufsstellen bereits in verschiedenen Wohnbezirken der Arbeiter in Berlin als Wohlfahrtsmaßnahme errichtet hat, wodurch die Arbeiter Lebensmittel zu verbilligtem Preis beziehen können. Die dritte Siedlung Hohenzollernkanal liegt direkt in Siemensstadt in unmittelbarer Nähe der Werke, die sämtlich in kurzen Wegen zu Fuß zu erreichen sind. Fahrgeldausgaben entstehen hier daher überhaupt nicht. Dieses vom preußischen Forstfiskus überlassene Gelände, an das sich der große Tegeler Wald anschließt, ist wegen seiner Nähe zur Arbeitsstätte wie auch wegen seiner gesunden freien Lage und schnellen Verbindung zur Berliner Innenstadt denkbar günstig.

Es sei noch darauf aufmerksam gemacht, daß die Siedlung stets so gelegt wird, daß die Stellen nirgend direkt an öffentliche Straßen anstoßen, da die sehr hohen Anliegerbeiträge für Arbeitersiedler völlig untragbar wären. Deshalb wird dort, wo öffentliche Straßen vorbeiführen, ein Geländestreifen von 35—50 m freigelassen.

Das Siedlungshaus. Die Siedlungshäuser werden als Doppelhäuser, für jede Siedlung nach gleichem Grundriß, errichtet. Nur wenn der Parzellenschnitt dies nicht gestattet, werden Einzelhäuser nach dem gleichen Typ gebaut, die dann den kinderreichsten Familien zugeteilt werden.

Die Größe der Häuser wurde in den 3 Siedlungen laufend erweitert.

Die bebaute Fläche beträgt je Halbhaus:

in Spekte . . . . 55,91 qm,
in Hohenzollernkanal . . . . 61,14 qm.

Der umbaute Raum beträgt je Halbhaus:

in Spekte . . . . 230,47 cbm,
in Hohenzollernkanal . . . . 236,31 cbm.

In Staaten sind entsprechend den damaligen Reichsrichtlinien die Häuser um rund 10% kleiner als in Spekte.

Die Anordnung der Räume ist in allen Häusern gleich. Von der Gartenseite aus tritt man in den Flurraum, von dem aus eine Treppe in das Obergeschoß führt. Durch eine Tür neben der Treppe gelangt man vom Flur in die geräumige Wohnküche, neben der sich ein Schlafzimmer und eine Schlafkammer befinden. Von der Wohnküche aus führt eine Treppe in den zur Lagerung von Vorräten bestimmten Keller, der gleichzeitig als Speisekammer dient. Der

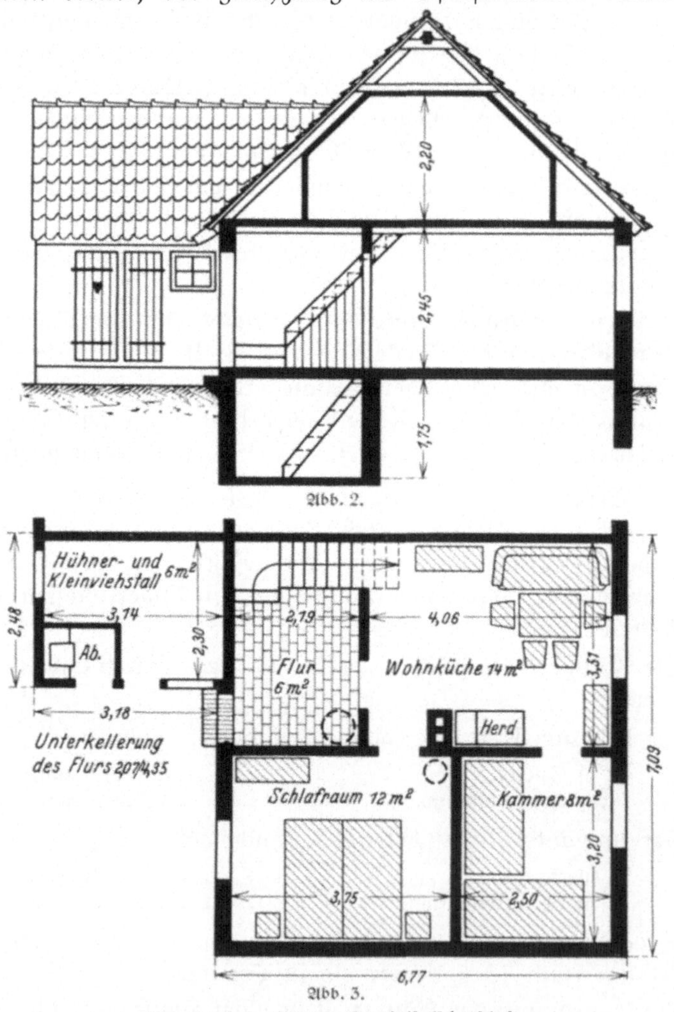

Abb. 2 und 3. Schnitt, Grundriß Erdgeschoß.

an der Rückseite des Hauses angebaute Wirtschaftsteil umfaßt Kleintierstall, Hühnerstall und Abort. In der Mitte des Wohnteils befindet sich der Schornstein, an den Herd und Ofen unmittelbar angeschlossen

sind. Der Boden kann als Lagerraum benutzt werden. Für kinder-
reiche Familien wird im Obergeschoß eine weitere Schlafkammer,
in Einzelfällen auch zwei, ausgebaut. Siedler, denen nach ihrer
Kinderzahl nur ein Haus ohne Dachkammer zusteht, können die
Dachkammer gegen Erstattung der Mehrkosten erhalten, für die ein
Firmendarlehen gewährt wird. Sie ist in fast allen Häusern gleich
mit ausgebaut worden.

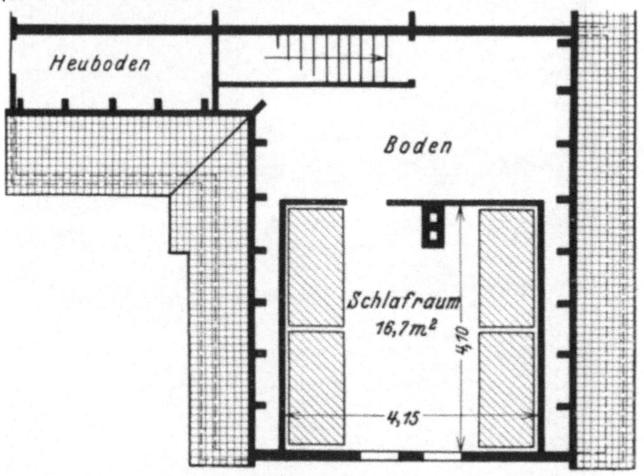

Abb. 4. Grundriß Dachgeschoß.

Die Häuser werden völlig bezugsfertig hergestellt. Koch- und
Heizherd, sowie Anlage für elektrische Beleuchtung sind vorhanden.
Die übrige Einrichtung ist Sache des Siedlers.

Die Siedlungsparzelle. Jede Siedlerstelle umfaßt eine Parzelle
von 900 qm. Etwa die Hälfte des Landes genügt vollständig zum
Anbau des im Haushalt gebrauchten Gemüses, der Rest bleibt dem
Anbau von Kartoffeln vorbehalten. Der vor dem Haus liegende
Streifen des Gartens wird meist mit Blumen, Obstbäumen und
Sträuchern bepflanzt. Jedem Siedler werden 8 Obstbäume und
eine Reihe Beerensträucher mitgeliefert. Auch die nötigen Dünge-
mittel, sowie Saatgut für das erste Jahr, Gartengeräte — wie Spaten,
Harke usw. — werden ihm zur Verfügung gestellt. Ferner erhält
jeder Siedler 6 Hühner, zu deren Aufzucht er ausdrücklich verpflichtet ist.
Die Wasserversorgung erfolgt durch Handpumpen. Um sie möglichst

bequem zu gestalten und nachbarliche Streitigkeiten zu vermeiden, erhält jede Stelle einen eigenen Brunnen.

Nach Möglichkeit wird am Rande jeder Siedlung weiteres Zusatzland vorgesehen, das die Siedler, die mit Hilfe ihrer Familien

Abb. 5. Siemens-Siedlung Staaken, Parzellenübersicht vom Flugzeug aus.
Aufnahme: Klinke & Co., Berlin.

noch mehr Boden bewirtschaften können, nach Belieben hinzupachten können. Die Zusatzstellen von je 500 qm werden gegen einen Pachtzins von 1 Pf./qm jeweils für 1 Jahr abgegeben. Damit kann die landwirtschaftliche Betätigung dem individuellen Bedarf angepaßt werden.

Übernahme durch den Siedler. Nach Beendigung des Baues wird dem Siedler die Siedlerstelle zunächst auf 4 Jahre in Pacht gegeben. Nach Ablauf dieser 4 Probejahre erhält der Siedler in Spekte ein Erbbaurecht an seiner Stelle. In Staaken und Hohenzollernkanal wird er Eigentümer seines Landes und Hauses, er erwirbt die Stelle käuflich unter ratenweiser Abzahlung des Kaufpreises für das Gelände. Die Form der endgültigen Übertragung der Siedlerstellen bestimmte sich lediglich durch die Bedingungen, die der Vorbesitzer des Geländes stellte. Das Reich und der Staat waren zur restlosen Veräußerung des Geländes bereit, während die Stadt die Gewährung eines Erbbaurechtes bevorzugte. Praktisch ergibt sich für den Siedler wenig Unterschied.

b) Finanzierung.

Aufbringung des Kapitals. Die Finanzierung der Siedlung erfolgt im Rahmen der Reichsrichtlinien. Das Reich stellt zur Errichtung einen Betrag von 2500 RM je Stelle darlehensweise zur Verfügung, für einen Teil der Häuser noch ein Zusatzdarlehen von 250 RM zum Ausbau einer Dachkammer. Im 2. Bauabschnitt (Siedlung Spekte) war das Reichsdarlehen um ein geringes höher. Der Betrag ist in den der ersten Ernte folgenden 3 Jahren mit 3 % zu verzinsen, später wird er mit 4 % verzinst und mit 1 % getilgt in gleichbleibenden Raten unter Anrechnung der ersparten Zinsen. Die Tilgungsdauer beläuft sich auf rund 45 Jahre.

Da diese Mittel zur Ausführung des Projektes für Kurzarbeiter nicht voll ausreichen, geben die Siemens-Firmen noch einen freiwilligen Zuschuß von 500 RM je Stelle.

Das Gelände wird von der öffentlichen Hand (Reich, Stadt Berlin oder Staat) zur Verfügung gestellt. Der Pacht- bzw. Erbbauzins beträgt jährlich 4 Pf./qm (Spekte). In Staaken tritt nach Übereignung der Stelle die Abzahlung des Kaufpreises (1,15 RM/qm; für 900 qm also 1035 RM), die in gleicher Form wie beim Reichsdarlehen mit 4 %iger Verzinsung und 1 %iger Tilgung erfolgt. Diese Kaufpreisraten machen einen nur geringfügig höheren Betrag als der laufende Erbbauzins aus. In der Siedlung Hohenzollernkanal gibt der preußische Staat das Gelände gegen eine Anzahlung von

10 % des Kaufpreises und Tilgung des Restbetrages in nur 15 Jahren. Daher ist in den ersten 15 Jahren eine entsprechend höhere Summe zu entrichten. Außerdem muß der Siedler hier die Anzahlung von 10 % = 110 RM bei Vertragsabschluß leisten. Falls notwendig, erhält er diese Summe von der Firma als Darlehen.

Auch den Siedlern, denen aus Reichsmitteln eine Dachkammer nicht ausgebaut werden konnte, haben die Firmen durch Gewährung eines unverzinslichen Darlehens von je 200 RM geholfen, das in kleinen Raten von wöchentlich 2 RM zurückzuzahlen ist.

Außerdem tragen die Firmen die allgemeinen Unkosten der Planung, Bauleitung und Durchführung der Siedlung durch die Mitarbeit ihrer Bauabteilung, sozialpolitischen Abteilung und auch Gartenbauabteilung.

Der Beitrag des Siedlers besteht lediglich in seiner unentgeltlichen Arbeitsleistung beim Aufbau der Siedlung. Diese Arbeitsleistung wird bei der späteren Festsetzung des Wertes der einzelnen Siedlerstelle mit 500 RM eingesetzt.

Laufende Kosten der Siedlerstelle. Laufende Kosten entstehen dem Siedler also aus Pacht- oder Erbbauzins bzw. Tilgung und

Laufende Kosten einer Siedlerstelle. Siemens-Siedlung Staaken.

	Im 1. Jahr RM	Im 2.—4. Jahr RM	Vom 5. Jahr ab RM	Nach Tilgung des Reichsdarlehens vom 45. Jahre ab RM
Geländepacht bzw. Zinsen und Tilgung für Geländeerwerb (900 qm)	—	36,—	51,75	—
Zinsen und Tilgung für Reichsdarlehen (Normalhaus: 2500 RM) .	—	75,—	125,—	—
Unkosten, z. B. für Feuer- und Haftpflichtversicherung, Verwaltung, Steuern, Schornsteinfeger, Gemeinschaftsanlagen, Unterhaltung	30,—	30,—	30,—	30,—
Zusammen pro Jahr	30,—	141,—	206,75	30,—
Zusammen pro Monat	2,50	11,75	17,25	2,50
Zusammen pro Woche	0,60	2,70	4,—	0,60

Laufende Kosten einer Siedlerstelle. Siemens-Siedlung Spekte.

	Im 1. Jahr	Im 2.—4. Jahr	Vom 5. Jahr ab	Nach Tilgung des Reichsdarlehens vom 45. Jahre ab
	RM	RM	RM	RM
Geländepacht bzw. Erbbauzins (900 qm)	—	36,—	36,—	36,—
Zinsen und Tilgung für Reichsdarlehen (Normalhaus: 2600 RM) . . .	—	78,—	130,—	—
Unkosten, z. B. für Feuer- und Haftpflichtversicherung, Verwaltung, Steuern, Schornsteinfeger, Gemeinschaftsanlagen, Unterhaltung	30,—	30,—	30,—	30,—
Zusammen pro Jahr	30,—	144,—	196,—	66,—
Zusammen pro Monat	2,50	12,—	16,35	5,50
Zusammen pro Woche	0,60	2,70	3,70	1,30

Laufende Kosten einer Siedlerstelle. Siemens-Siedlung Hohenzollernkanal.

	Im 1. Jahr	Im 2.—4. Jahr	Im 5.—15. Jahr	Vom 16. Jahr ab	Nach Tilgung des Reichsdarlehens vom 45. Jahr ab
	RM	RM	RM	RM	RM
Geländepacht bzw. Zinsen und Tilgung für Geländeerwerb (900 qm)	90,—	90,—	90,—	—	—
Zinsen und Tilgung für Reichsdarlehen (Normalhaus: 2500 RM) . . .	—	75,—	125,—	125,—	—
Unkosten, z. B. für Feuer- und Haftpflichtversicherung, Verwaltung, Steuern, Schornsteinfeger, Gemeinschaftsanlagen, Unterhaltung	25,—	25,—	25,—	25,—	25,—
Zusammen pro Jahr	115,—	190,—	240,—	150,—	25,—
Zusammen pro Monat	9,58	15,83	20,—	12,50	2,10
Zusammen pro Woche	2,21	3,65	4,62	2,88	0,48

Verzinsung des Geländekaufpreises, aus Verzinsung und Tilgung des vom Reich gewährten Darlehens, sowie den laufenden Unkosten für Steuern, Versicherungen, Instandhaltung, Gemeinschaftsanlagen usw. Der Zuschuß der Firmen braucht weder rückerstattet noch verzinst zu werden.

Die Höhe der laufenden Unkosten zeigen die vorstehenden Übersichten.

c) Siedlervertrag.

Vor Baubeginn wird ein Siedlervertrag zwischen der Wohnungsgesellschaft Siemensstadt m. b. H., die als Trägerin für die Siemens-Siedlungen eingesetzt ist, und jedem Siedler und seiner Ehefrau abgeschlossen. Er umfaßt 3 Hauptabschnitte:

Die Rechte und Pflichten bis zur Übergabe der Stelle,
die Regelung des Pachtverhältnisses, das sich auf 4 Jahre erstreckt,
und die spätere Überleitung in Eigentum oder Erbbau.

Verpflichtungen bis zur Übergabe. Der erste Abschnitt enthält die Verpflichtung des Siedlers zur unentgeltlichen Arbeitsleistung in Selbst- oder Nachbarhilfe zum Aufbau der Siedlung. Einteilung und Verteilung dieser Arbeiten ist Sache der Wohnungsgesellschaft bzw. der Firmen. Durch Erfüllung dieser Verpflichtungen erwirbt der Siedler die Anwartschaft auf Übertragung einer Siedlerstelle.

Pachtverhältnis. Durch Übergabe der Siedlerstelle an den Siedler kommt das Pachtverhältnis zustande. Der Siedler wird zur Entrichtung des Pachtzinses verpflichtet, der die Pacht für das Gelände, die Zins- und Tilgungsbeträge für das Reichsdarlehen und einen Verwaltungskostenbeitrag umschließt. Der Siedler ist während der 4 Pachtjahre vor allem verpflichtet, seine Stelle ordnungsmäßig zu erhalten und zu bewirtschaften, ferner den angrenzenden Weg instand zu halten und unentgeltliche Arbeitstagewerke für notwendige Gemeinschaftsanlagen zu leisten. Bei Nichterfüllung, insbesondere der ordnungsmäßigen Bewirtschaftung, kann der Vertrag jederzeit gelöst werden. Diese Pachtjahre sind die Probezeit für die Eignung des Siedlers. Untervermietung oder Unterverpachtung ist nur mit Zustimmung der Wohnungsgesellschaft Siemensstadt und der Stadt Berlin zulässig. Auch im späteren Vertrag bei Übergang der Stelle in Eigentum oder Erbbau wird eine solche Sicherung für den Fall des Verkaufs oder sonstigen Überlassung der Stelle vorgesehen werden, um jede Grundstücksspekulation zu verhindern. Die Zustimmung zur Weiterveräußerung wird nur dann gegeben werden, wenn der geforderte Preis einen angemessenen Ersatz der Aufwendungen des Siedlers nicht übersteigt. Ferner ist der Siedler verpflichtet, einer aus allen Siedlern zu bildenden Genossenschaft bzw. Verein beizutreten.

Übergang in Eigentum bzw. Erbbau. Der Schlußabschnitt sieht nach Ablauf der 4 Pachtjahre, sofern der Siedler seine Verpflichtungen erfüllt hat, die Überlassung der Stelle in Eigentum oder Erbbau vor. Das zur Errichtung gewährte Reichsdarlehen sowie gegebenenfalls auch der Kaufpreis für das Gelände werden dann auf dem Grundstück bzw. dem Erbbaurecht hypothekarisch sichergestellt.

Dies sind die Hauptbestimmungen der im einzelnen verschieden ausgeführten Siedlerverträge der 3 Siemens-Siedlungen.

2. Die Siedlerschaft.

a) Bewerbung und Auswahl.

Bekanntgabe. Nachdem die Pläne für die Anlage fertiggestellt waren, wurde in den Werken durch einen von den Firmen herausgegebenen Anschlag zur Bewerbung aufgefordert. Die Lohnbüros gaben an Interessenten eine kleine Broschüre aus, die über Zweck der Siedlung, Bedingungen, Gelände, Größe und Einteilung der Häuser und Parzellen mit genauen Grundrissen, wie auch über die Finanzierung und die dem Siedler laufend erwachsenden Unkosten eingehend unterrichtete.

Bewerbung. Alle Arbeiter der Siemenswerke konnten sich zur Beteiligung melden, die bereits eine Kurzarbeit von nicht mehr als 3 Arbeitstagen im Werk hatten, oder deren Arbeitszeit zur Erfüllung der Bedingung der Halbwochen-Kurzarbeit auf 3 Tage herabgesetzt werden konnte.

Die Bewerbung erfolgte vermittels Fragebogen, die von der Stadt Berlin für die gesamte Stadtrandsiedlung einheitlich ausgegeben wurden. Da diese Bogen auf Erwerbslose abgestellt waren, ergaben sich notwendige Ergänzungen, so daß man dazu überging, durch die Firmen aufgestellte besondere Zusatzfragebogen hinzuzufügen. Hierin wurden neben den in den städtischen Bogen enthaltenen allgemeinen Angaben vor allen noch die Fragen nach der bisherigen Arbeitszeit, der Bereitschaft zur Verkürzung auf 3 Tage, der Dauer der Firmenzugehörigkeit, dem Beruf der erwachsenen Kinder, insbesondere mit Rücksicht auf etwaige Zugehörigkeit von Familienmitgliedern zu den Siemens-Firmen u. a. gestellt. Auch die Beurteilung durch den Vorgesetzten: Führung, Leistung, Eignung, konnten hier vermerkt werden. Ferner mußte das Werk sich äußern, ob eine notwendige Arbeitszeitkürzung und die der Bauarbeit entsprechende Verteilung der Arbeitszeit innerhalb der Woche betriebstechnisch durchführbar ist.

Umfang der Meldungen. Die Zahl der Meldungen war außerordentlich groß. Es bewarben sich bei den bisherigen Siedlungen regelmäßig etwa 2—3mal soviel Arbeiter, als Stellen zu vergeben waren, so daß die besten Kräfte ausgewählt werden konnten. Aus praktischen Gründen wurde über die Zahl der verfügbaren Stellen hinaus gleich noch eine Reihe von Ersatzbewerbern bestimmt. Falls später beim Vertragsabschluß oder bei Beginn der Bauarbeiten der eine oder andere zurücktrat, konnten an deren Stelle ohne Zeitverlust Ersatzbewerber eingerückt werden.

Auswahl. Die Auswahl der Siedler ist eine besonders schwierige und langwierige Arbeit. Hierauf muß jedoch besonderer Wert gelegt werden. Denn von der richtigen Auswahl, der Qualität und Zusammensetzung der Siedlerschaft, hängt der Erfolg der Siedlung wesentlich ab.

Qualität der Bewerber im allgemeinen. Im allgemeinen haben die bisherigen Erfahrungen gezeigt, daß unter den Bewerbern nur sehr wenig völlig ungeeignete Leute sind. Wir haben den Eindruck gewonnen, daß sich zur Siedlung von vornherein die besten und geeignetsten Kräfte melden. Die Arbeiter, die auf die Vergnügungen der Großstadt nicht verzichten wollen, die auf leichten Gewinn und wechselnde, unständige Arbeit eingestellt sind, bewerben sich nicht um eine Siedlerstelle. Wer bereit ist, die schwierige Aufbauarbeit der Siedlung und die harte Garten- und Landarbeit neben seiner Fabriktätigkeit zu übernehmen, gehört zum strebsamen, arbeitsfreudigen Teil der Belegschaft. Und so wird die Siedlung, von welchen sozialen, politischen, betrieblichen Gesichtspunkten aus man auch immer an die Auswahl herantritt, stets den bodenständigen Arbeitern, die für die

Zukunft sorgen, die auf Pflege und Aufstieg ihrer Familien bedacht sind, kurz: dem für die Volksgesamtheit wie auch für das Unternehmen wertvollsten Teil der Arbeiterschaft zugute kommen.

Auswahlgrundsätze. Für die Auswahl der Siedler waren in der Hauptsache folgende Grundsätze maßgebend:

1. **Familienstand.** Berücksichtigt wurden selbstverständlich ausschließlich verheiratete Bewerber. Unter ihnen wurden die kinderreichen Familien bevorzugt. Dies war entsprechend den Reichsrichtlinien der im Vordergrund stehende Auswahlgrundsatz. Kinderlose Ehepaare sind nur in ganz besonderen Einzelfällen bei der ersten Siedlung — im ganzen 8 Siedler — aufgenommen worden, in den späteren Siedlungen wurden sie gänzlich ausgeschieden.

2. **Alter.** Geprüft wurde auch das Alter der Bewerber. Grundsätzlich wurde die Altersgrenze bei 50 Jahren gesetzt, da man nur wirklich arbeitsfähige Siedler haben wollte, die auch voraussichtlich noch längere Zeit im Firmendienst stehen werden. Überschreitung dieser Altersgrenze wurde nur dann zugelassen, wenn Söhne der Bewerber im Dienste der Firmen standen. Erwähnt sei noch, daß häufig die Frau des Arbeiters älter ist als ihr Mann. Auch dies darf mit Rücksicht auf den Nachwuchs nicht übersehen werden.

3. **Landwirtschaftliche Eignung.** Verlangt wurden ferner Erfahrungen in Landwirtschaft oder Gartenbau. Auch hier mußte sowohl die Eignung des Mannes wie der Frau geprüft werden. Es stellte sich heraus, daß ein erheblicher Teil der Bewerber aus der Landwirtschaft stammte und ein noch größerer Teil bereits einen Kleingarten bewirtschaftet hatte. Diesen letzteren wurde gegenüber den aus ländlichen Verhältnissen Stammenden der Vorzug gegeben, da die Tätigkeit in der vorstädtischen Kleinsiedlung der in Schrebergärten mehr entspricht als der in der Landwirtschaft. Jedenfalls zeigten unsere Erfahrungen, daß gärtnerische und landwirtschaftliche Kenntnisse in so großem Maße vorhanden sind, daß — wenigstens bei dem jetzigen Umfang der Siedlung — eine besondere Schulung der Siedler nicht nötig ist. Die in Veröffentlichungen oft hervorgehobene schwierige Frage der Umschulung der städtischen Bevölkerung für die Landarbeit ist daher bei der Kurzarbeitersiedlung am Rande der Städte nach unseren Erfahrungen vorläufig nicht akut.

4. Berufliche Eignung. Da die Siedlung von den Siedlern selbst erbaut wird, mußten bei sonst gleicher Wertigkeit die Bewerber bevorzugt werden, die ihrem Beruf nach für die Bauarbeit besonders geeignet sind. Neben den nur in kleiner Zahl vertretenen eigentlichen Baufacharbeitern, Maurern, Zimmerleuten, wurden Tischler, Klempner, Maler, Schmiede in erster Linie herangezogen. Auch die Monteure, die Arbeiten auf Neubauten gewohnt sind, sind geeignet. Schließlich erwiesen sich auch noch die Schlosser wegen ihrer vielseitigen Tätigkeit als gut verwendbar auf dem Bau. Hierbei wurde auch darauf geachtet, ob erwerbslose Söhne vorhanden waren mit baufachlicher Schulung, auf deren Mitarbeit beim Aufbau zu rechnen war.

5. Nationale Gesinnung. Ein weiterer Gesichtspunkt war die Prüfung der nationalen Gesinnung. Auch wenn keine formelle Parteizugehörigkeit vorliegt, kann der Meister in der Regel für seine Leute ein Urteil hierüber abgeben. Soweit die Bewerber zur Zeit des Weltkrieges im wehrfähigen Alter standen, wurden Kriegsteilnehmer ausgesucht.

6. Beurteilung durch den Vorgesetzten. Wichtig zu beachten ist natürlich auch die Beurteilung des Bewerbers durch seinen Vorgesetzten. Deshalb wurde von jedem Werk eine Liste verlangt, in der sämtliche Bewerber nach dem Wert ihrer dienstlichen Leistungen angeordnet waren.

7. Häusliche Verhältnisse. Eine Siedlerstelle stellt an die wirtschaftliche und hausfrauliche Tüchtigkeit der Frau erheblich höhere Ansprüche als der städtische Haushalt. Deshalb wurden, nachdem die sonst geeignetsten Kräfte in die engere Wahl gezogen waren, die Fabrikpflegerinnen unserer Werke in jeden Haushalt gesandt, um genau zu überprüfen, wie der Haushalt geführt, die Kinder erzogen wurden, welchen Eindruck die Familie machte und wie weit die Frau Lust und Liebe zur Landarbeit hatte. Bei schlechtem Ergebnis dieser Prüfung wurden selbst im Betrieb sehr tüchtige Arbeiter ausgeschieden, da gerade auf der Haushaltführung die Eignung zur Erhaltung und Bewirtschaftung der Siedlerstelle beruht. Mitberücksichtigt wurden auch die gesundheitlichen Verhältnisse der Familie.

8. Soziale Bedürftigkeit. Die soziale Bedürftigkeit wurde selbstverständlich auch in Betracht gezogen. Doch darf sie keinesfalls

allein ausschlaggebend sein. Im Interesse der Produktivität der Siedlung muß oberster Grundsatz sein: Auswahl der Tüchtigsten! Nur bei gleicher Tüchtigkeit sind die sozial Schwächeren zu bevorzugen.

b) Zusammensetzung der Siedlerschaft.

Interessant ist, wie die so endgültig ausgewählte Siedlerschaft sich im einzelnen zusammensetzt.

Altersaufbau. Zunächst der Altersaufbau:

In der ersten Siemens-Siedlung Staaken standen zur Zeit der Auswahl

im Alter unter 30 Jahren	16 Siedler
30—35 Jahre	46 „
36—40 „	38 „
41—45 „	48 „
46—50 „	39 „
51—55 „	22 „
über 55 „	7 „

Das Durchschnittsalter sämtlicher 472 Siedler der 3 Siedlungen Staaken, Spekte und Hohenzollernkanal betrug 41 Jahre.

Kinderzahl. Die Zahl der Kinder der Siedlerfamilien geht aus nachstehender Tabelle hervor (angegeben sind nur die Kinder unter 21 Jahren).

In der Siemens-Siedlung Staaken waren:

kinderlos	8 Familien
mit 1 Kind	78 „
„ 2 Kindern	63 „
„ 3 „	44 „
„ 4 „	12 „
„ 5 „	7 „
„ 6 „	2 „
„ mehr als 6 Kindern	2 „

Die durchschnittliche Kinderzahl pro Familie betrug:

in Staaken	1,9 Kinder
„ Spekte	2,2 „
„ Hohenzollernkanal	1,6 „

Im Gesamtdurchschnitt aller 472 Siedler betrug die Kinderzahl

1,9 Kinder je Familie.

Aus diesen beiden Tabellen ergibt sich, daß das Durchschnittsalter unserer Siedler ziemlich hoch liegt. Das hängt zusammen mit der Bevorzugung der kinderreichen Familien. Kinderlose Ehepaare dürfen nach den augenblicklichen Bestimmungen zur Siedlung nicht mehr zugelassen werden.

Weiter ergibt sich, daß trotz Bevorzugung der Kinderreichen die durchschnittliche Kinderzahl nicht groß ist. Hierbei muß man bedenken, daß in der Zahl der berücksichtigten Kinder bis zu 21 Jahren der gesamte Geburtenausfall der Kriegszeit und der in den Nachkriegsjahren erneut einsetzende Geburtenrückgang sich auswirken. Die seit Kriegsbeginn geschlossenen Ehen sind überwiegend kinderarm, das umfaßt die Arbeiter und Arbeiterinnen bis zum Alter von jetzt rund 40 Jahren. Wir sind deshalb der Ansicht, daß man — um eine Überalterung zu vermeiden — allmählich dazu übergehen muß, auch die jungen Ehepaare, die ja meist nur wegen der engen wirtschaftlichen Verhältnisse noch kinderlos sind, der Siedlung zuzuführen. Natürlich erst, wenn die kinderreichen Familien berücksichtigt sind. Doch sind wir nach unseren Erfahrungen hiervon nicht mehr fern. Überdies ist es besonders wertvoll, wenn die Kinder von Geburt an in gesunden Verhältnissen aufwachsen.

Dieser Gedanke liegt auch durchaus im Sinne der heutigen Bevölkerungspolitik. Die Verschlechterung der wirtschaftlichen Verhältnisse und die vom Marxismus gepredigte materialistische Weltanschauung, die zur Steigerung der auf Äußerliches gerichteten Bedürfnisse des einzelnen geführt hat, haben den Wunsch nach dem Kinde abgeschwächt und zur Geburtenbeschränkung geführt. In der Siedlung haben wir ein wirksames Mittel gegen diese dekadente Erscheinung unserer Volksentwicklung. Für den großstädtischen Industriearbeiter bedeutet das Kind eine Last. Für den Siedler wird das Kind — abgesehen davon, daß die Ernährung, die Aufziehung weit weniger schwierig ist — schon frühzeitig eine Hilfe bei der Bewirtschaftung der Siedlerstelle. Und so kommen wir wieder zu der gesunden Anschauung der agrarischen Länder, daß die Kinder Reichtum bedeuten. Denn schließlich ist es im völkischen Sinne nicht richtig, die Bevölkerungszahl und damit die Kinderzahl dem vorhandenen Nahrungsspielraum anzupassen, sondern die Menschen müssen sich den Lebensraum schaffen, den sie brauchen. In einer gesunden aufsteigenden Bevölkerung liegt die größte Expansionskraft eines Volkes. Gerade bei den jungen Leuten unserer Arbeiterschaft ließe sich in dieser Richtung durch die Siedlung viel erreichen.

Für die Zukunft unseres Volkes, für die Eugenik, ist es überdies von unschätzbarem Wert, wenn der Nachwuchs nicht, wie bisher, zu einem großen Teil aus den untersten Schichten des Großstadtproletariats stammt, sondern vielmehr innerhalb der Arbeiterschaft aus guten, tüchtigen Arbeiterkreisen mit bäuerlichem Einschlag. Eine in diesem Sinne aufgezogene Siedlung ist geeignet, die Erneuerung, die auch im Bürgertum anfängt sich durchzusetzen, innerhalb der Arbeiterschaft zu fördern.

Arbeitszeit der Siedler vor Beginn der Bauarbeiten. Die Arbeiter müssen sich, wie schon erwähnt, verpflichten, mit Beginn des Siedlungsbaues nicht mehr als 3 Tage im Werk zu arbeiten. Wenn auch die Kurzarbeit in unseren Werken zur Zeit der Meldung schon soweit fortgeschritten war, daß nur noch vereinzelte Bewerber Vollarbeit hatten, so ist unter den Meldungen doch ein erheblicher Teil von Arbeitern gewesen, die für den Erhalt einer Siedlerstelle auf einen Teil ihrer Werksarbeit zu verzichten hatten. Die durchschnittliche Arbeitszeit vor Beginn der Bauarbeiten betrug bei den Siedlern unserer Siedlung Spekte 3,6 Tage, bei den Siedlern der Siedlung Hohenzollernkanal 4,02 Tage. Die Steigerung der Arbeitszeit von der vorjährigen zur diesjährigen Meldung zeigt bereits den einsetzenden erfreulichen Aufschwung der Beschäftigung. Im einzelnen betrachtet arbeiteten im Werk noch mehr als 3 Tage bei der Siedlung Spekte rund die Hälfte, bei der Siedlung Hohenzollernkanal sogar reichlich zwei Drittel der Siedler. Und zwar hatten ein Drittel der Gesamtzahl schon wieder 5 Tage der Woche Beschäftigung, und verzichteten zugunsten der Siedlung auf 2 volle Arbeitstage. Für Staaken liegen genaue Zahlen hierüber nicht vor.

Aus diesem freiwilligen Verzicht, den ein beträchtlicher Teil der Siedler leistete, geht hervor, welches Interesse die Arbeiterschaft an der Siedlung nimmt und welchen Wert und Gewinn sie von ihr erwartet.

Die Siedlerschaft nach Arbeiterkategorien. Teilt man die Siedlerschaft nach ihrem Beruf ein, so fällt die hohe Beteiligung der gelernten Facharbeiter auf. Sie stellen über die Hälfte der Siedler — im

Durchschnitt aller drei Siedlungen 57% — während nur rund der 4. Teil — 26% — ungelernte Leute sind. Die restlichen 17% entfallen auf die angelernten Arbeiter.

Unter den Gelernten ist allerdings nur eine sehr geringe Zahl baulich vorgebildeter Facharbeiter. Die Probleme, die nach dieser Richtung für den Aufbau der Siedlung aufgetaucht und überwunden sind, werden in einem späteren Kapitel ausführlich behandelt. Dort geben wir auch Einzelzahlen über die berufliche Zusammensetzung der Siedlerschaft.

3. Organisatorische Durchführung des Siedlungsbaues.

a) Arbeitseinteilung und Arbeitsleistung der Siedler auf dem Bau.

Einteilung bei Vollarbeit. Der Bau der Siemens-Siedlung Staaken wurde mit den ausgewählten 216 Siedlern im Frühjahr des Jahres 1932 in Angriff genommen. Jeder Siedler soll abwechselnd 3 Tage bei der Siedlungsarbeit und 3 Tage im Werk tätig sein. Solange das Werk vollarbeitet, ergibt sich die einfache Einteilung in zwei gleiche Halbwochenkolonnen. Jeden Tag stehen dann 108 Mann für den Bau zur Verfügung. Das würde eine monatliche Arbeitsleistung von etwa 100—108 Stunden für den einzelnen während der Bauzeit bedeuten.

Einteilung bei Kurzarbeit. Als mit der Siedlung begonnen wurde, arbeiteten die Werke jedoch nicht mehr volle 6 Tage. Teilweise hatten sich Siedler aus Abteilungen gemeldet, deren Arbeitszeit schon auf 5 und weniger Tage herabgegangen war. Die sonst gegebene Kolonneneinteilung in 2 Halbwochenschichten läßt sich bei verkürzter Arbeitszeit nicht wählen. Zunächst fiel ein Tag der Woche — und zwar der Sonnabend — in den Werken aus. Der einen Kolonne, die in der zweiten Wochenhälfte Donnerstag—Sonnabend siedelt, blieben zwar drei Arbeitsverdiensttage: Montag—Mittwoch. Der anderen Kolonne jedoch, die in der ersten Wochenhälfte Montag bis Mittwoch auf dem Bau sein mußte, hätte man nur noch zwei Arbeitsverdiensttage Donnerstag und Freitag erhalten können. Da die Siedler nur einen geringen Bruchteil der Belegschaft ausmachen, noch dazu auf verschiedene Werke verteilt sind, kann die Organisation eines Großbetriebes nicht so umgestellt werden, daß der Sonnabend als Arbeitstag für die Siedler allein wieder eingefügt wird.

Drei Kolonnen mit je 2 Tagen. Daher versuchte man zunächst, mit zwei Arbeitstagen auf der Baustelle auszukommen. Die Siedler wurden in drei Kolonnen zu 70 Mann eingeteilt. Für jede Kolonne blieben dann noch 4 Tage in der Woche frei, von denen drei für die Arbeit im Werk angesetzt wurden.

Diese anfängliche Arbeitseinteilung zeigt folgendes Bild:

	Montag	Dienstag	Mittwoch	Donnerstag	Freitag	Sonnabend
Kolonne I . . .	B	B	W	W	W	frei
Kolonne II . . .	W	W	B	B	W	frei
Kolonne III . .	frei	W	W	W	B	B

B = Bauarbeit. W = Werksarbeit.

Kolonneneinteilung bei 2 Tagen Bauarbeit.
(Vom 26. Mai bis 1. Juli 1932.)

Auf diese Weise war auf der Baustelle stets ein gleicher, wenn auch im Personenkreis wechselnder Bestand an Arbeitskräften zur Verfügung. Der an sich nicht erwünschte Personenwechsel war zu ertragen, da alle Siedler in bezug auf Bauarbeit gleichmäßig ungeschult waren.

So wurde nach einem Verteilungsplan, der sich über drei Vierteljahre erstrecken sollte, die Siedlung begonnen.

Verwaltungsarbeiten auf dem Bau. Der Aufbau einer so weitgestreckten Siedlung, die noch dazu rund 15 km von Berlin entfernt liegt, bringt erhebliche Verwaltungsarbeit mit sich. Es mußte als erstes ein Baubüro, Lager, Verwaltungsräume, Kantine usw. eingerichtet werden. Die Kosten für die Verwaltungstätigkeiten lassen sich nur mindern, wenn man die Siedler nach Möglichkeit dazu heranzieht und — wenn nötig — anlernt. So wurden aus ihnen ausgewählt:

1 Lagerverwalter, 4 Wächter, 2 Kantiniers,
1 Bote, 1 Schreiber.

Die Auswahl war nicht schwierig. Diese Tätigkeiten bedürfen nur geringer Vorbildung, und unter den Siedlern waren geeignete Leute dafür.

Tagewerke bei 2 Bautagen. Mit den übrigen wurden dann die Planierungsarbeiten eingeleitet. Die Wochenleistung beträgt bei dieser Einteilung der Siedler in drei Kolonnen zu je 2 Tagen nur etwa $6 \times 70 = 420$ Tagewerke. Schon nach Beendigung der einleitenden Arbeiten sah man, daß es mit der geplanten Verteilung nicht möglich sein werde, in drei Vierteljahren die Siedlung aufzubauen.

Da außerdem der Beginn der Bauarbeiten, der für Anfang März vorgesehen war, durch langwierige Verhandlungen mit den Behörden sich bis Ende Mai hinauszögerte, mußte alsbald eine Einteilung der Arbeitszeit gesucht werden, die erhöhte Bautätigkeit der Siedler zuließ. Ein Teil der Stellen sollte wenigstens mit dem Rohbau bis zum Winter fertig werden. Auf dem Bau mußte unbedingt die höchste Leistung erreicht werden, d. h. drei Tagewerke für den Einzelnen und die Woche.

Drei Kolonnen mit je 3 Tagen. Inzwischen war in den Werken die Arbeitszeit im Durchschnitt auf 4 Tage verkürzt worden. Die gleichmäßige Tagewerksleistung auf der Baustelle konnte nicht mehr eingehalten werden, wenn man den Siedlern 3 Tage Arbeitsverdienst erhalten wollte. Die einmal vorhandene Einteilung wurde zugrundegelegt, für die Kolonnen I und II wurde die Bautätigkeit um den freien Sonnabend erhöht. Kolonne III mußte den Montag hinzunehmen. Der Arbeitsplan sah dann, wie das Bild zeigt, aus:

	Montag	Dienstag	Mittwoch	Donnerstag	Freitag	Sonnabend
Kolonne I	B	B	W	W	W	B
Kolonne II . . .	W	W	B	B	W	B
Kolonne III . . .	B	W	W	W	B	B

B = Bauarbeit.   W = Werksarbeit.

Kolonneneinteilung bei 3 Tagen Bauarbeit.
(Vom 1. Juli 1932 ab.)

Soweit die Arbeitszeit der Werke auf 4 Tage zurückgegangen war, fiel gewöhnlich der Montag aus. Um den Siedlern dieser Abteilungen ohne Umorganisation 3 Arbeitstage im Werk zu erhalten, mußten sie auf die Kolonnen I und III verteilt werden. Das war auch für die Siedler nötig, deren Arbeitszeit noch tiefer sank.

Tagewerke bei 3 Bautagen. Daraus folgte eine völlig ungleiche Verteilung auf dem Bau an den einzelnen Tagen. Infolge der beibehaltenen Kolonneneinteilung von etwa 70 Mann stieg die anfängliche Zahl der Tagewerke für die Woche von 420 auf:

Montag	2 Kolonnen = 140 Mann	140 Tagewerke,
Dienstag bis Freitag .	1 Kolonne = 70 Mann	280 Tagewerke,
Sonnabend	3 Kolonnen = 210 Mann	210 Tagewerke,
		630 Tagewerke

aller Siedler je Woche.

Theoretisch sind bei der ursprünglichen Zweitagearbeit auf dem Bau im Monat rund 70 Stunden des einzelnen Siedlers zu erzielen, bei dreitägiger Arbeit steigt diese Zahl auf etwa 100—108 Stunden.

Die von den Siedlern auf der Baustelle tatsächlich erreichten monatlichen Stundenleistungen zeigt folgende Übersicht:

Durchschnittliche monatliche Stundenleistung der Siedler
in Staaken und Spekte.

	Monatliche Stundenleistung auf der Baustelle je Siedler			
	Sollstunden		Tatsächliche Stundenleistung	
	Staaken	Spekte	Staaken	Spekte
Mai 1932 bzw. 1933	20 bzw.	48	7	50
Juni	104 „	96	85	109
Juli	104 „	104	111	133
August	108 „	108	114	150
September	104 „	108	122	116
Oktober	104 „	104	121	119
November	100 „	100	95	94
Dezember	84		74	
Januar 1933	90		74	
Februar	85		61	
März	104		83	
April — Juni	—		43	
Insgesamt	1002		994	

Kritik der Stundenleistung. An der Übersicht fällt auf, daß besonders in den Sommermonaten die monatliche Durchschnittsleistung höher ist als die geplante Sollstundenzahl. Eine Spitzenleistung von 300 Stunden konnte festgestellt werden, Monatsleistungen von 200—250 Stunden kamen häufiger vor.

Das hatte folgende Gründe: Ein Teil der Siedler leistete im Sommer freiwillig viele Überstunden, die nach Möglichkeit erfaßt und dem einzelnen gutgeschrieben wurden. Noch wichtiger für die Erhöhung der Durchschnittsleistung im Sommer war es, daß viele Siedler erwerbslose Söhne, Verwandte oder Bekannte hatten, die gern bereit waren, ihren Arbeitskameraden zu helfen. Sie hatten sich trotz oft langer Arbeitslosigkeit ihren Arbeitswillen erhalten. Manchem dieser Helfer wurde die Arbeit ein Segen, und sie haben es auch offen anerkannt.

Mit Einsetzen des schlechten Wetters änderte sich das Bild. Die freiwillige Mitarbeit der Verwandten ging zurück. Auch die Siedler selbst verzichteten auf Überstundenleistung. Die Krankmeldungen nahmen zu, und das ist verständlich. Als Fabrikarbeiter ist der Siedler an Arbeit im geschlossenen Raum gewöhnt. Er ist gegen Witterungseinflüsse, denen er beim Bauen ausgesetzt ist, nicht so abgehärtet wie der Bauarbeiter. Die Arbeitsleistung auf der Baustelle sank infolgedessen im Herbst.

Dieser jahreszeitlich bedingte Wechsel der Siedler-Stundenleistungen muß gleich bei der Vorkalkulation der Arbeitsdauer und -einteilung berücksichtigt werden.

Wie aus der vorstehenden Aufstellung weiter hervorgeht, konnte die Siedlung mit einer Durchschnittsarbeitsleistung von rund 1000 Stunden je Siedler fertiggestellt werden. Sobald man dies übersah, wurden diejenigen Siedler, die durch Überstunden, Urlaubsarbeit oder Hilfe von Verwandten bereits auf 1000 und mehr Stunden gekommen waren, von der Arbeit ausgeschieden.

Nacharbeiten. Zu den letzten Fertigstellungsarbeiten — insbesondere zur gemeinschaftlichen Außenarbeit, wie Planieren, Bau der Straßen und Zäune, Pflanzungen usw. — wurden die in der Stundenzahl rückständigen Siedler herangezogen, bis sie nachgeholt hatten. War gleichmäßige Leistung aller auch dann noch nicht erreicht, so konnte das auch noch später bei Gemeinschaftsarbeiten ausgeglichen werden, die zur Erhaltung der fertigen Siedlung durch die Genossenschaft oder den Siedlerverein laufend ausgeführt werden müssen.

Ergebnis der Siedlerarbeit. Die Mitarbeit unserer Siedler hat sich über Erwarten gut bewährt. Es war mitunter erstaunlich, in wie kurzer Zeit sich die Metallarbeiter auf die Bauarbeit umstellten. Ein Teil konnte schon nach kurzer Anlernzeit bei der Maurerarbeit eingeschaltet werden.

Die praktische Durchführung der Siemens-Siedlung hat erwiesen, daß eine Siedlung mit Kurzarbeitern, die sich in der Bautätigkeit so bewähren wie unsere Metallarbeiter, neben der Berufsarbeit errichtet werden kann.

Die Siedlung wurde mit rund 1000 Stunden Arbeitsleistung je Siedler aufgebaut. Es kann also mit Kurzarbeitern, die 3 Tage der Woche auf dem Bau zur Verfügung stehen, eine solche Siedlung in rund drei Vierteljahren, d. h. innerhalb einer Bauperiode vom Frühjahr bis zum Herbst ausgeführt werden.

b) Zusatz-Fachkräfte.

Berufliche Zusammensetzung. Trotz dieser Leistungen läßt sich eine KurzarbeiterSiedlung mit den Siedlern allein nicht aufbauen, da nicht genügend Facharbeiter unter ihnen sind. Die Aufstellung über die Zusammensetzung der ausgewählten Siedlerbelegschaft nach den verschiedenen Berufsarten, denen die Leute angehören, läßt das klar erkennen. (Siehe die Tabelle S. 40.)

Die Aufstellung zeigt, daß nur ein ganz geringer Teil der Siedler als einigermaßen baufachlich vorgebildet angesprochen werden kann. Ihre Zahl ist unter den Bewerbern für jede neue Siedlung geringer geworden. Unter den Siedlern waren Baufacharbeiter:

<pre>
In Staaken 31,
in Spekte 20,
am Hohenzollernkanal 9
</pre>

Das ergibt sich daraus, daß bei einer Firma der Metallindustrie der Bestand an diesen Arbeitern gering ist. Die wenigen Facharbeiter lassen sich mit Rücksicht auf die Werkarbeit auch nicht auf alle Kolonnen gleichmäßig verteilen. Es wird sich immer als notwendig erweisen, Poliere, Maurer, Zimmerer, Dachdecker, Anstreicher usw. heranzuziehen.

Einsatz von Facharbeitern der eigenen Bauabteilung. Für Staaken standen zunächst die Bauhandwerker der eigenen Bauabteilung der Firmen zur Verfügung. Sie waren teilweise — wie viele andere — auf Kurzarbeit gesetzt und konnten auf der Baustelle wieder Vollarbeit leisten. Sie arbeiteten mit wechselnden Hilfskräften als fester Stamm der Kolonnen.

Heranziehung von „Afü"-Arbeitern.

	Staaten	Spette	Hohenzollernkanal
Gruppe I: Facharbeiter.			
1. Baufacharbeiter:			
Maurer	1	1	1
Zimmerer	1	—	—
Rohrleger	3	2	—
Klempner	5	—	2
Bauarbeiter . . .	6	4	1
Maler	4	3	2
2. Baufachlich geeignete Arbeiter:			
Holzarbeiter . . .	11	10	3
Monteure	9	2	6
Schmiede	5	5	—
3. Sonstige Facharbeiter:			
Former	—	1	—
Schlosser	36	15	33
Einrichter	7	2	5
Dreher	14	7	11
Werkzeugmacher . .	9	2	7
Mechaniker . . .	11	7	9
Schweißer	—	2	2
Gruppe II: Angelernte.			
Hilfsfacharbeiter . .	22	7	21
Maschinenarbeiter . .	12	5	12
Gruppe III: Ungelernte.			
Lagerarbeiter . . .	6	4	7
Transportarbeiter . .	54	15	40
Insgesamt	216	94	162

Die Zahl dieser Facharbeiter war aber noch immer zu gering für die umfangreiche Bauarbeit, die zu leisten war. Die Firmen wandten sich deshalb an die Stadt Berlin um Bewilligung zur Einsetzung der sog. „Afü"-Baufacharbeiter. Das sind von der Erwerbslosenfürsorge ausgesteuerte Arbeiter, die seit mehreren Jahren arbeitslos sind und von der Wohlfahrt unterhalten werden.

Die Stadt Berlin stellte diese Facharbeiter zur Förderung des Siedlungsbaues auf jeweils 26 Wochen zur Verfügung. Ausgewählt wurden reine Baufacharbeiter: Maurer, Zimmerer und Maler. Sie durften an 4 Tagen in der Woche mit je 8 Stunden beschäftigt werden und wurden tarifmäßig voll bezahlt.

Für die Afü-Arbeiter mußte ein Arbeitsplan gewählt werden, der sich der Beschäftigungsweise der Siedler möglichst anpaßte. Da deren Zahl am Montag und Sonnabend am höchsten war, teilte man die Afü-Arbeiter in zwei sich überlappende Kolonnen ein und kam zu folgendem Plan:

		Mon- tag	Diens- tag	Mitt- woch	Don- ners- tag	Freitag	Sonn- abend
Siedler	Kolonne I	70	70	—	—	—	70
	Kolonne II	—	—	70	70	—	70
	Kolonne III	70	—	—	—	70	70
Afü-Arbeiter	Kolonne I	30	30	30	—	—	30
	Kolonne II	30	—	—	30	30	30
Facharbeiter der eigenen Bauabteilung		15	15	15	15	15	15
Zusammen		215	115	115	115	115	285

Durch diese Einteilung wurde erreicht, daß die Höchstzahl von Zusatzfach-Arbeitern am Sonnabend, an dem alle 216 Siedler, und auch am Montag, an dem etwa 140 Siedler arbeiteten, angesetzt werden konnte.

Stundenleistung der Zusatz-Facharbeiter. Die zusätzliche Leistung der Baufach-Arbeiter ist statistisch erfaßt und in nachstehender Aufstellung wiedergegeben worden:

Stundenleistung der Zusatz-Facharbeiter
der Siemens-Siedlung Staaken.

Zusätzliche Facharbeiter	Stundenleistungen für das einzelne Haus	
	Arbeiter der eigenen Bauabteilung	Afü-Arbeiter der Stadt Berlin
	Std.	Std.
1. Maurer-Postengesellen	21,5	—
2. Maurer	91,—	173,—
3. Zimmerer-Postengesellen	7,5	—
4. Zimmerer	15,—	52,—
5. Maler	4,—	24,—
6. Schmiede	5,—	—
7. Maschinist für Betonmischmaschine	5,5	—
8. Gärtner	2,5	—
9. Bauarbeiter	2,—	—
	154,—	249,—
Stundenleistung aller bezahlten Facharbeiter pro Haus	403,—	
Stundenleistung der Siedler pro Haus	994,—	

An dieser Zusammenstellung ist interessant, daß die bezahlten Zusatzleistungen fast die Hälfte der Leistungen der Siedler erreichen. Insgesamt waren also in Staaken rund 1400 Arbeitsstunden (rund 1000 Siedler- und 400 Facharbeiter-Stunden) erforderlich. In Spekte hoffen wir durch Änderung der Bauplanung mit etwas weniger Stunden auszukommen.

Lohnausgaben für die Zusatz-Facharbeiter der Siemens-Siedlung Staaken.

Zusätzliche Facharbeiter	Lohnkosten für das einzelne Haus in RM	
	Arbeiter der eigenen Bauabteilung	Afü-Arbeiter der Stadt Berlin
	RM	RM
1. Maurer-Postengesellen	37,80	—
2. Maurer	138,70	264,10
3. Zimmerer-Postengesellen	13,10	—
4. Zimmerer	22,70	80,50
5. Maler	3,90	33,70
6. Schmiede	5,50	—
7. Maschinist für Betonmischmaschine	8,50	—
8. Gärtner	3,30	—
9. Bauarbeiter	2,70	—
	236,20	378,30
Zusammen	614,50	

Gesamt-Lohnsumme für die eigene Bauarbeit etwa 51 000 RM.
Gesamt-Lohnsumme für die Afü-Bauarbeiter etwa 82 000 RM.

Lohnkosten der Zusatz-Facharbeiter. Diese Lohnkosten sind eine Zusatzbelastung für jede Kurz- oder Vollarbeiter-Siedlung gegenüber der Erwerbslosen-Siedlung. Die Siedlerbelegschaft einer Erwerbslosen-Siedlung kann von vornherein so zusammengesetzt werden, daß genügend Facharbeiter jeder Berufsart dabei sind. Der hohe Betrag der notwendigen Zusatzlöhne macht es für Kurzarbeiter-Siedlungen notwendig, daß etwa 500 RM für jedes einzelne Haus beigesteuert werden.

Erst als sich die Siemens-Firmen dazu bereit erklärten, konnte mit dem Bau der Siedlung begonnen werden.

Abb. 6. Siemens-Siedlung Staaken, Vorderansicht des Hauses.
Aufnahme: Th. Penz, Berlin.

Abb. 7. Siemens-Siedlung Staaken, Rückansicht des Hauses.
Aufnahme: Th. Penz, Berlin.

4. Bauausführung.

Die Bauleitung — Regierungsbaumeister Dr.-Ing. e. h. Hertlein und Oberingenieur Schmolke — stand bei der Anlage der Siedlung vor schwierigen Aufgaben. Die beschränkten Geldmittel, die zur Verfügung standen, zwangen zu sorgfältigster Kalkulation. Alle Häuser sollten zweckmäßig aufgebaut und ausgestattet werden. In jeder Hinsicht mußte größte Wirtschaftlichkeit erzielt, Plan und Ausführung unter diesem Gesichtspunkt geprüft und gewertet werden.

Einheitliche Typen. Die Bauabteilung der Siemens-Firmen kam so zum Entwurf eines einheitlichen Typs von Häusern für die ganze Siedlung. Sonderausführungen hätten Schwierigkeiten und Kosten verursacht. Bei den Siedlern, die bereits jahrelang auf Kurzarbeit gestellt sind, konnte man die Übernahme dieser Kosten auch nicht voraussetzen. Für eine Vollarbeiter-Siedlung, die in kleinerem Maßstab aufgezogen ist, liegt der Fall natürlich anders. Hier können die Häuser den individuellen Wünschen der Siedler in beschränktem Ausmaß angepaßt werden, wie es z. B. im Krupp-Grusonwerk möglich war. Vollarbeiter können die Kosten für besondere Haustypen oder Änderungen leichter tragen und sind dazu auch eher bereit. Auch in der äußeren Gestaltung der Bauten waren dem Architekten enge Grenzen gezogen.

Ziegelbauweise. Es wurde an der Ziegelbauweise festgehalten. Bezahlte Hilfskräfte sollten nicht unnötig in Anspruch genommen werden, die Siedler soweit wie möglich an ihren Häusern selbst arbeiten. Bei der Ziegelbauweise wird die Hauptarbeit auf der Baustelle geleistet. Die Siedler können zu Abtransport und Zulangerarbeit und selbst unter Umständen zur eigentlichen Maurerarbeit herangezogen werden.

Im ersten Bauabschnitt (Staaken) wurde für die Außenwände des Hauses ein großformatiger gut isolierender Hohlstein, der sog. „Frewenziegel" gewählt, und zwar für die Hauswände 20 cm, für die Stallung 12 cm stark. Nach einem Sachverständigengutachten entspricht der Wärmedurchgang der 20 cm-Frewenwand dem einer massiven Mauer von 38 cm-Ziegelsteinen. Damit wurde tatsächlich ein völlig ausreichender Wärmeschutz der Wohnräume erreicht.

Im zweiten Bauabschnitt (Spekte) wurde der inzwischen entwickelte „Nationalziegel" verwendet, der baulich und wärmetechnisch einige weitere Vorteile bietet.

Nebenräume. Wirtschaftsräume und Stall wurden aus Sparsam-
keitsgründen unter gemeinsamem Dach unmittelbar an das Wohn-
haus angebaut. Der Stall ist nur vom Freien aus zugänglich. Die
Wohnräume sind dadurch besser von ihm isoliert. In die Trennwand
zwischen Wohn- und Wirtschaftsräumen ist eine Glasscheibe fest ein-
gemauert. Das Vieh kann so vom Haus aus beobachtet werden.
Der Stall erhält auch vom Haus aus Licht, und besondere Stall-
beleuchtung wird erspart.

Abb. 8. Bankettschablone.   Aufnahme: Th. Penz, Berlin.

Neben dem Stall, vom Freien aus zugänglich und damit von den
Wohnräumen völlig abgeschlossen, liegt der Abort.

Für die Gruben wurden in einer Zementfabrik hergestellte Behälter
aus dünnwandigem Eisenbeton verwendet. Sie sind in das Erdreich
eingelassen und an den Beton der Fundamente angeschlossen. Diese
Grube nimmt auch die Stallabwässer mit auf.

Baumethode. In der Siedlung Staaken wurden die Häuser in
kleineren Gruppen begonnen, nacheinander im Rohbau hochgeführt
und dementsprechend etappenweise fertiggestellt. In Spekte dagegen
hat man sämtliche Häuser gleichzeitig in Angriff genommen. Zunächst
wurden für alle 94 Häuser die Erdarbeiten ausgeführt, dann die
Fundamente betoniert, das Mauerwerk hochgeführt, die Dachbalken
aufgerichtet, das Dach gedeckt usw. Nur ein Haus wurde beschleunigt

hochgeführt und fertiggestellt, um die Ausführungsmethoden daran zu erproben und sie für die übrigen noch während des Baues verwenden zu können.

Dadurch hat der Siedler Gelegenheit, sich in jede Tätigkeit richtig einzuarbeiten, ehe er sich auf die neue umstellt. Das Ergebnis ist, daß die gegenüber Staaken um 10% größeren Häuser in Spekte bei gestiegenen Materialpreisen für fast den gleichen Betrag hergestellt werden konnten.

Bauausführung: Einleitende Arbeiten. Bei Beginn des Baues wurde zunächst von den Siedlern eine etwa 400 m lange Bohlenfahrt verlegt. Unmittelbar daneben wurden sämtliche Materialien von den Lieferanten abgeladen. Von diesem Materialplatz führten zu den einzelnen Häusern Schmalspurgleise, die in den künftigen Siedlungsstraßen verlegt wurden. Die Materialien wurden dann durch die Siedler von Hand auf Schmalspurwagen geladen und ebenfalls von Hand bis

Abb. 9. Fensterzarge und Mauerschnitt. (Frewenziegel.)
Aufnahme: Th. Penz, Berlin.

an die einzelnen Häuser gefahren. Es entstanden also keine Kosten für Pferde oder sonstige Zugmittel.

Betonfundamente. Die Absteckung der einzelnen Grundstücke besorgte das städtische Vermessungsamt. Da die Fundamente und Erdarbeiten bei allen Häusern gleich waren, wurde für die Ausschachtung der Bankette eine Schablone aus Brettern nach den für den Grundriß des Hauses festgelegten Abmessungen hergestellt. Die Siedler mußten das Erdreich in der Breite der Bankette zwischen den Brettern ausſchachten. In dieſen Hohlraum konnte der Bankettbeton unmittelbar eingebracht werden. So wurden Fehler bei der Ausſchachtung und beim Betonieren vermieden.

Für die Bereitung des Betons ſtand eine Miſchmaſchine mit Benzinmotorenbetrieb zur Verfügung. Der Beton wurde in fertiger Miſchung von der Miſchmaſchine bis an die Fundamente gefahren. Soweit der Fundamentbeton über das Erdreich hinausragte, wurden Schalungstafeln angefertigt, ebenſo für die Kellerwände.

Mauerwerk und Fenſtereinſatz. Mit der Handhabung der in der erſten Siedlung (Staaken) verwendeten 20 cm-Frewenziegel haben ſich die Maurer ſehr ſchnell vertraut gemacht. Der Frewenſtein wird mit Hilfe einer Gabel aufgenommen und verlegt. Er hat Rippen auf der Unterſeite und entſprechende Nuten auf der Oberſeite zur Erzielung enger Fugendichtung. Dieſer Beſonderheit des Frewenziegels entſprechend wurden

Abb. 10. Fenſterzarge und Mauerſchnitt. (Nationalziegel.)
Aufnahme: Th. Penz, Berlin.

einfache Zargenfenſter gewählt, um eine richtige Verbindung zwiſchen Mauerwerk und Fenſter zu erreichen. Nebenſtehendes Bild (S. 46) zeigt neben dem normalen Schnitt durch eine Frewenwand gleichzeitig, wie die Fenſterzarge mit den gleichen Nuten verſehen worden iſt, die der Frewenziegel auf der Oberſeite beſitzt. In dieſe Nuten paſſen die Rippen eines neben dem Fenſter aufrecht geſtellten Frewenziegels genau hinein. Der Zwiſchenraum wird mit Mörtel ausgefüllt. So ergibt ſich eine einwandfreie Fenſterdichtung.

Die Verwendung des Nationalziegels verlangt eine etwas andere Ausbildung der Fenster- und Türrahmungen. Der Einbau erfolgt aber — wie die Gegenüberstellung der Bilder zeigt — im wesentlichen nach den gleichen Prinzipien.

Die Verwendung dieser besonderen Bausteine bedingt, daß die Fenster und Türen vor Beginn des Mauerns an Ort und Stelle sind. Das mag zunächst als Nachteil erscheinen, hat sich aber als sehr vorteilhaft herausgestellt. Die Fensterrahmen werden beim Aufführen

Abb. 11. Aufgehendes Mauerwerk mit Fenster und Tür.
Aufnahme: Th. Penz, Berlin.

des Mauerwerks gleich eingesetzt. Alle Nacharbeiten, die mit späterem Einsetzen der Fenster verbunden sind, fallen fort. Beim Putzen wird bei Verwendung der Zargenfenster zudem das Anputzen der Fenster-ecken erspart, der Putz greift in eine Putznute hinein, die in der Fensterzarge angebracht ist.

Innenwände. Die inneren Stallwände sowie die balkentragenden inneren Trennwände sind aus gewöhnlichen Hintermauerungssteinen $1/_2$ Stein stark ausgeführt, die unbelasteten inneren Trennwände aus 5 cm starken Gipsplatten. Die ganze Hausfläche ist mit einem Beton-fußboden versehen, der oben wasserdicht gestrichen ist. Die Wohn-räume haben Dielung auf karbolinierten Lagerhölzern, der Hohlraum ist mit Torfmull ausgefüllt. Die Außenwände haben Kellenputz in

Kalkmörtel mit Zementzusatz. Die Innenwände sind einfach glatt mit Kalkmörtel geputzt. In den Nebenräumen hat man sich mit einem Fugenverstrich begnügt. Alle Flächen sind aber geschlemmt.

Decke. Die Decke über dem Erdgeschoß besteht aus hölzernen Balken. In den Wohnräumen liegt zwischen den Holzbalken auf gehobelten Leisten eine Einschubdecke aus normalen Gipsplatten von 3 cm Stärke. Der Raum zwischen den Gipsplatten und dem Fußboden des Dachgeschosses ist mit Torfmull ausgefüllt. Die Untersicht der Holzbalken der Zimmerdecke ist gehobelt und lasiert, wie überhaupt das Holzwerk in einfachster Weise behandelt ist. Die Balkenunterflächen, die Leisten und die Gipsplatten liegen völlig frei. Die Decken erhalten hierdurch ein gutes Aussehen und betonen den ländlichen Charakter der Siedlung. Beim Ausbau der Dachkammern sowie für die Stalldecken wurden Torfotektplatten zur Wärmeisolierung verwendet.

Tür und Treppe. Die Türen der Wohnräume sind einfache gestrichene und lackierte Füllungstüren. Die Zargen sind, wie Abb. 11 zeigt, gleich beim Aufführen des Mauerwerkes eingesetzt worden. Sie erhielten Nuten, in die der Putz eingreift, so daß die sonst übliche Bekleidung erspart wurde. Die Nebenräume haben einfache Brettertüren. Stalltüren und Stallfenster sowie Fensterläden sind aus Kiefernholz ohne Öl-, nur mit einem Karbolineumanstrich versehen. Die Treppe ist in einfachster Form ausgeführt. An allen Traufen des Wohnhauses sind Dachrinnen angebracht worden.

Dach. Der Dachverband ist ein ganz einfacher Dreiecksverband, der aus Deckenbalken und zwei Sparren ohne Stiel gebildet wird. Zur Sicherung der Längsfestigkeit sind Windrispen verwendet worden. Bei äußerst geringem Aufwand an Holz wurde so ein recht stabiler Dachstuhl geschaffen. Die Dachhaut besteht aus Latten und roten S-Pfannen, die an der Unterseite mit Mörtel verstrichen sind. Die Giebeldreiecke sind mit wagerecht gestülpten Brettern verschalt. Hinter dieser Schalung befindet sich Dachpappe und zur besseren Wärmedichtung für den Bodenraum noch eine 5 cm starke Gipsplattenwand. Für den Fall des Ausbaues einer Dachkammer ist dann eine weitere Verbesserung der Giebeldreiecke nicht mehr erforderlich.

Die Wände der Wohnräume sind mit Leimfarbe gestrichen, die Holzfußböden geölt, die Leisten unter den Gipsplatten der Decke farbig gestrichen.

Beleuchtung. Elektrische Beleuchtung wurde für die stadtgewohnten Arbeiter für unerläßlich gehalten. Sie sind mit ihren Beleuchtungskörpern meist darauf eingestellt und müssen sich sonst neue beschaffen. Die Berliner Elektrizitätswerke haben sich entschlossen, die Zuleitung und Verteilung bis in die Häuser auf ihre Kosten auszuführen.

Die Weiterführung der elektrischen Lichtleitungen im Hause ließ sich durch die besondere Deckenkonstruktion sehr billig ausführen. Alle Teile konnten an Holz befestigt werden.

Herdofen. Der von der Preußischen Bergwerks- und Hütten-A. G. in Clausthal bezogene Koch- und Heizofen hat sich recht gut bewährt. Der Herd besitzt einen Winterrost, der durch Einlegen eines Schamottesteines für den schwächeren Sommerbedarf verkleinert werden kann. Er dient gleichzeitig zur Raumheizung. Zur Ausnutzung der Rauchgase für die Heizung hat er einen besonderen Heizaufsatz, der durch eine Klappe bei wärmerem Wetter ausgeschaltet werden kann. Der ganze Herd besteht aus Gußeisen mit Graphitanstrich. Schließlich enthält er eine Grude, deren äußerst sparsamer Betrieb bekannt ist. Die geringe Wärmeabgabe der Grude an den Raum ist im Sommer besonders erwünscht.

Wasserversorgung. Jedes Grundstück erhält einen eigenen Brunnen. In 7 m Tiefe wurde gutes Wasser in ausreichender Menge gefunden, das nach chemischer und bakteriologischer Untersuchung einwandfrei war. Vorgesehen ist für alle Stellen eine Schwengelpumpe. Gegen Nachzahlung von 18 RM konnten die Siedler eine Druckpumpe mit Handhebel zum Sprengen erhalten. Von einem Anschluß an das städtische Wasserleitungsnetz wurde abgesehen, um die Siedler nicht mit den Gebühren für das Wasser dauernd zu belasten. Er läßt sich mit geringen Kosten auch später noch ausführen.

Straßen. Die Straßen der Siedlung bleiben in rechtlicher Beziehung Privatstraßen. Für die Zuwege zur Siedlung über das die Siedlung umschließende Pachtland wird ein Wegerecht eingetragen.

Die Wege innerhalb der Siedlung sind als einfache Schlackenwege mit 12 cm hoher Schlackenauflage — unten grob, oben fein — in 4—6 m Breite angelegt. In etwa 100—120 m Abstand sind Ausweichstellen mit 7 m Breite angelegt.

Umzäunung. Das ganze Siedlungsgelände ist mit einem $1\frac{1}{2}$ m hohen Zaun aus Drahtgeflecht eingefriedet. Gegen die Straßen sind die Grundstücke durch einen Zaun aus Rundholzstielen, Halbrundholmen und halbrunden Latten abgeschlossen, der den ländlichen Eindruck der Siedlung unterstreicht. Für die Trennung der Parzellen untereinander sind niedrige Pfähle mit einem Draht darüber vorgesehen.

5. Übergabe der Stellen und Inangriffnahme der Bewirtschaftung.

Auslosung. Die Verteilung der Siedlerstellen an die einzelnen Siedler erfolgt durch Los. Da alle Häuser gleichartig ausgeführt sind, ist die Zuweisung durch Los zweifelsohne gerecht. Ursprünglich bestand die Absicht, erst nach völliger Fertigstellung der gesamten Siedlung die Einzelstellen zur Auslosung zu bringen. Diese Schlußverlosung bietet den Vorteil, daß während der Bauzeit kein Siedler weiß, welches Haus ihm schließlich zufallen wird, er daher keinen Anlaß hat, sich für eine bestimmte Parzelle besonders zu interessieren. Damit hätte man die Gewähr, daß die Siedlung als Gesamtwerk in gemeinschaftlicher Arbeit durchgeführt und gleichmäßige Einsetzung der Arbeitsleistung aller Siedler bis zum Schluß erreicht wird.

Leider mußte der Grundsatz in der Siedlung Staaken durchbrochen werden, da nicht damit zu rechnen war, alle Häuser vor dem Frost im Rohbau zu erstellen. Nur etwa der dritte Teil war im Herbst schon so weit fortgeschritten, daß der Innenausbau noch vor Einsetzen des Winters beendet werden konnte. Das zweite Drittel der Häuser wurde erst im Januar, der Rest im Frühjahr 1933 bezugsfertig. Um nicht die bereits fertigen Häuser bis zur Vollendung der letzten unbenutzt zu lassen, entschloß man sich, die Auslosung in drei Abschnitten, entsprechend der Fertigstellung der Häuser, vorzunehmen.

Wie erwartet, zeigten sich sofort nach der Verteilung des ersten Abschnitts Schwierigkeiten in der Kontrolle der Siedler. Bei der weitgestreckten unübersichtlichen Baustelle Staaken war es den Bauführern schwer, die bereits in ihrem Haus wohnenden Siedler fest in der Hand zu halten. Allerhand Unzuträglichkeiten, die den Bau verzögerten, traten ein.

Nach den Erfahrungen der Siemens-Firmen empfiehlt es sich aus diesen Gründen, bei großen Siedlungen von gleichmäßigem Ausbau die Siedlerstellen erst im letzten Augenblick zur Verteilung zu bringen.

In der Siemens-Siedlung Spekte ist die Baumethode so geändert, daß alle Häuser fast gleichzeitig fertig werden. Hier wird daher die Auslosung einheitlich zum Schluß stattfinden.

Die Zuteilung der Siedlungsparzellen Staaken in drei Abschnitten bot allerdings einen gewissen Vorteil beim Umzug in die Siedlerstelle. Da es sich jeweils nur um einen kleineren Siedlerkreis handelte, konnte der Umzug, wenn man ihn auf 3—4 Tage verteilte, mit den Lastwagen der Firmen vorgenommen werden. Die Wagen wurden gegen Ersatz der Benzinkosten jedem zur Verfügung gestellt, und die Siedler leisteten sich untereinander Nachbarhilfe. Dadurch verringerten sich die Kosten des Umzugs sehr erheblich. Sie beliefen sich bei einer Strecke von 30—40 km, die die Wagen durchschnittlich zu fahren hatten, auf nur 5—8 RM. Siedlern, die durch Kurzarbeit finanziell besonders geschwächt waren, kamen die Firmen noch weiter entgegen.

Gründung des Siedlervereins. Vertragsgemäß müssen alle Siedler in einer Siedlergemeinschaft zusammengeschlossen werden. Mit Rücksicht auf die erleichterten rechtlichen Bestimmungen wurde in Staaken an Stelle der durch die Richtlinien eigentlich vorgeschriebenen Genossenschaft unter Zustimmung des Reichs und der Stadt Berlin ein eingetragener Verein gegründet. Die Stadt Berlin und die Wohnungsgesellschaft Siemensstadt haben sich beratende Stimme im Verein und Aufsichtsrecht über die Siedlung vorbehalten.

Aufgaben des Siedlervereins. Das Reich und die Stadt genehmigten die Satzung, auf Grund deren die Leitung der gemeinschaftlich auszuführenden weiteren Anlage- und Erhaltungsarbeiten dem Vereinsvorstand obliegt. Er erhielt hierzu das Verzeichnis sämtlicher Siedler mit den von jedem bis zu diesem Zeitpunkt geleisteten Bau-Arbeitsstunden. Da bei einem Stundendurchschnitt aller Siedler von 1000 Stunden Mehrleistungen von 400 und Minderleistungen von 200—300 Stunden festzustellen waren, hat der Vorstand die Aufgabe, zu den weiteren Gemeinschaftsarbeiten Siedler heranzuziehen, deren Stundenzahl unter dem Gesamtdurchschnitt liegt. Ungleichheiten, die während des Baues entstanden, werden so allmählich ausgeglichen. Ferner ist der Vorstand satzungsgemäß mit der Einziehung der Zinsen, Tilgungsraten, Pachtgelder usw. beauftragt und für deren ordnungsmäßige Abführung verantwortlich. Zur Unterstützung des Vorstandes und zur Sicherung der Forderungen der Darlehns- und Landgeber stellen die Siemens-Firmen ihre Einrichtungen zur Verfügung. Das Lohnbüro behält die wöchentlich fälligen Beträge ein und leitet sie an die zuständigen Stellen weiter.

Auch nach Fertigstellung der Siedlung bleiben die Siedler in engster Fühlung mit ihrer Firma. Sie wissen, wohin sie sich mit Fragen und Schwierigkeiten wenden, die sich bei der Umstellung auf die neue Tätigkeit in der Siedlung für sie ergeben. Die Siedler werden durch die sozialpolitische Abteilung, die Bauabteilung und die Fürsorgeeinrichtungen der Werke weiterhin sozialpolitisch, baulich, gärtnerisch und fürsorgerisch beraten und betreut.

Inangriffnahme der Bewirtschaftung. Bis Ende März 1933 waren alle Häuser in Staaken bezogen. Von diesem Termin ab begannen die 4 Probepachtjahre, die der Siedler ableisten muß, ehe die Siedlerstelle in sein Eigentum übergeht. Während dieser Probezeit muß der Siedler nach der ausdrücklichen Bestimmung des Vertrages nachweisen, daß er imstande ist, die Stelle ordnungsmäßig zu erhalten und gärtnerisch und als Kleintierhalter ordnungsmäßig zu bewirtschaften. Sonst kann ihm die Stelle genommen werden.

Interessant sind die Erfahrungen des ersten Jahres nach Fertigstellung der Siedlung Staaken. Es ist erfreulich zu sehen, mit wieviel Fleiß und Lust und Liebe zur Sache die Leute ihre Stelle bewirtschaften und weiter ausbauen. Alle haben beim Aufbau der Häuser das Bauen erlernt und verwenden es nun weiter. Jeder versucht, sein Anwesen im Rahmen seiner Mittel auszugestalten und zu verbessern. Die Sandwege, die durch den Vorgarten zum Haus führen, werden durch feste Betonwege ersetzt, der Hof durch einen Lattenzaun gegen den Garten abgegrenzt, der überdachte Vorplatz am Hauseingang zur Veranda ausgebaut und mit Blumen berankt. Ein großer Teil der Siedler, die Viehzucht über den vorgesehenen Rahmen hinaus betreiben wollen, führen neue Ställe und Schuppen auf und halten sich Enten, Kaninchen, Schafe oder Ziegen. Ein Siedler hat sich eine große Bienenzucht mit sehr viel Fleiß und Verständnis angelegt, einige haben Obstbäume aus früheren Schrebergärten mitgebracht, wieder ein anderer hat eine Rosenkultur. Jeder richtet sich nach seinen besonderen Wünschen und Neigungen ein, und es ist überraschend, wieviel Interesse und auch wieviel Sachkenntnis Großstadtarbeiter für diese Dinge besitzen.

Von den 900 qm Gesamtbodenfläche der Stelle werden je nach den Sonderinteressen des Siedlers 600—800 qm landwirtschaftlich ausgenutzt. Viele der Siedler haben von dem zur Verfügung gestellten Zusatzpachtland dazugenommen, einige bis zu 3 Parzellen, also 1500 qm.

Die Siedler sprechen ganz offen ihre Freude darüber aus, daß ihre Kinder frischer und gesünder werden, keine Stadtkinder mehr sind. Das gute Aussehen der Kinder und der freie, freundliche Ton, in dem sie grüßen und Bescheid erteilen, fällt allen Besuchern der Siedlung besonders auf.

Wirtschaftsbeihilfe. Die Erfahrung hat aber auch gezeigt, daß die Siedler eine gewisse Anlaufsumme zur Umstellung auf die Siedlungstätigkeit brauchen, um Haus, Hof und Garten von Anfang an gut ausnutzen und intensiv bewirtschaften zu können. Über mangelnden Fleiß ist bei unseren Siedlungen nirgend zu klagen. Wer jedoch ganz ohne jede Ersparnisse anfängt, kommt ziemlich schwer voran. Deshalb sollte man nicht verlangen, daß die Siedler ihren letzten Sparpfennig in den Bau stecken, man soll ihnen vielmehr für den Anfang eine gewisse Reserve erhalten.

Nach den neuesten Pressemeldungen beabsichtigt auch der Staat bereits, den Siedlern, die keinerlei eigene Ersparnisse besitzen, durch Wirtschaftsbeihilfen den Anlauf zu erleichtern. Dieser Plan ist sehr zu begrüßen. Um den Staat aber hierdurch nicht neu zu belasten, könnte man die Verzinsung und Tilgung des Aufbaukapitals unter Wegfall der 4 Schonjahre vom Einzugstag an in voller Höhe festsetzen (zusammen 5%). Die sich für das Reich daraus ergebende

Zinsmehreinnahme in Höhe von 200—300 RM etwa würde für eine Wirtschaftsbeihilfe ausreichen.

Werksarbeitszeit nach Fertigstellung. Im Interesse der intensiven Bewirtschaftung der Siedlung und der Zahlungsfähigkeit des Siedlers als Schuldner sei auch nochmals auf die Notwendigkeit eines ausreichenden hauptberuflichen Einkommens verwiesen. Die Siedler waren bekanntlich verpflichtet, während der Bauzeit nicht mehr als 3 Tage je Woche im Werk zu arbeiten. Für die Zeit der Bautätigkeit muß hieran unseres Erachtens auch unbedingt festgehalten werden, um den Bau nicht über den Winter hinaus zu verzögern. Denn nach den früher beschriebenen Erfahrungen läßt sich eine Siedlung mit Kurzarbeitern, die 3 Tage der Woche für den Bau zur Verfügung stehen, in rund ³/₄ Jahren, also innerhalb einer Bauperiode errichten. Ein gewisses Opfer wird man von den Siedlern — soweit es sich um Siedlungen handelt, die mit billigen Reichsdarlehen errichtet sind — auch immer verlangen können, da sie durch ihre Stelle eine wesentliche Entlastung erfahren. (Diese Forderung kann selbstverständlich nicht dort gestellt werden, wo es sich um Siedlungen handelt, die ohne das Reichsdarlehen errichtet wurden, wie z. B. vom Krupp-Gruson-Werk. Hier muß sich die Arbeitszeit immer den Bedürfnissen des Betriebes anpassen.) Nach Fertigstellung des Baues muß man die Siedler — falls genügend Beschäftigung in den Werken vorhanden ist — wieder zu einer gewissen Mehrarbeit zulassen. Wenn ein Betrieb z. B. mit einer 40-Stunden-Woche, oder anders ausgedrückt der 5-Tage-Woche, arbeitet, erscheinen uns die von den Reichsrichtlinien zugelassenen 32 Arbeitsstunden = 4-Tage-Woche angemessen. Den Arbeitsverdienst e i n e s Tages können sie aus ihrer Stelle herauswirtschaften. Die Zulassung zur 4-Tage-Arbeit bringt auch dem Staat eine finanzielle Entlastung. Denn der Siedler erhält, solange er nur 3 Tage tätig ist, normalerweise die übliche Kurzarbeiterunterstützung, die jedoch bei 4 Tage Beschäftigung nach den geltenden Bestimmungen fortfällt. Der Siedler erarbeitet sich also einen Tagesverdienst selbst, und der Staat wird von der Zahlung der Kurzarbeiterunterstützung frei.

II. Die Krupp-Siedlung für Vollarbeiter.

1. Verwaltungstechnische Maßnahmen.

Von Dipl.-Ing. A. de Neufville VDI, Magdeburg.

> „Während ich hier das Bette hüte, beschäftigt mich
> u. a. ein Gedanke. Ich möchte nach dem äußeren
> Ebenbild des alten Hauses in dem ich über 25 Jahre
> und mit einem Zwischenbau noch 5 Jahre mehr gelebt
> habe Arbeiterwohnungen errichten zur Vermiethung
> und nach Umständen zu späterem Eigenthum
> treuer Familien ...... ich glaube daß ein Arbeiter
> gern in einem solchen Hause wohnen wird und daß
> auch mancher wünschen wird ein solches zu er-
> werben. Das geht auch ..... Ich sehe im Geist 100
> solcher Häuser entstehen und daß sie nicht genügen....“
>
> Aus einem Briefe, den Alfred Krupp wenige Wochen
> vor seinem Tode am 17. Mai 1887 an die Fabrik-
> leitung schrieb.

Einleitung. Als Alfred Krupp diese Zeilen niederschrieb, hatte
er in der Wohnungsfürsorge für die Arbeiter und Angestellten seines
Werkes bereits Großes geleistet. Annähernd 3500 Werksangehörige
= 30 % der damaligen Belegschaft waren schon in guten und billigen
Werkswohnungen untergebracht. Alfred Krupp hat, wie aus seinen
zahlreichen Aufzeichnungen hervorgeht, immer das Bestreben gehabt,
seine Arbeiter den Händen der Bau- und Bodenspekulanten zu ent-
ziehen. Schritt für Schritt mit der Vergrößerung der Werksanlagen
schuf er immer wieder Siedlungen, die die Wohnungsverhältnisse
der Werksangehörigen verbesserten. Für den Wohnungsbau wurden
die finanziellen Kräfte des Werkes in außergewöhnlicher Weise
angespannt; oft mehr, als es vom Betriebsinteresse aus verantwortet
werden konnte. Alfred Krupp kannte auch auf dem Gebiete der
Wohnungsfürsorge keinen Stillstand. Klar erkennend, daß die Industriearbeiter wieder mit der Scholle verwurzelt werden müßten,
wollte er ihnen Gelegenheit geben, durch Sparsamkeit ein Eigenheim
zu erwerben. In seinem Innersten beschäftigte der geniale Mann
sich mit Plänen, die seiner Zeit weit vorausgingen und deren Grundgedanken eigentlich erst in den letzten Jahren aktuell geworden sind.

Vieles von dem, was Alfred Krupp in seinen Ideen über das Eigenheim des Arbeiters niedergelegt hat, könnte für das Wohnungsbauprogramm der neuesten Zeit, für die „Vorstädtische Kleinsiedlung" geschrieben sein. Schon im Jahre 1878 spricht Alfred Krupp in einer Niederschrift von „kleinen Wohnungen mit Gärtchen an verschiedenen Stellen in verschiedenen Gemeinden" und von der Absicht, „solche denjenigen Arbeitern, welche sich ein Haus erwerben wollen, unter angemessenen Konditionen zu überlassen..... Sie müßten etwas rétiré liegen, am besten zwischen Bauernkolonien und Gärten .... wo solche nicht vorhanden sind und wir freies Feld haben, würde ich Baumpflanzungen empfehlen .... möglichst diese Kolonien arrondieren mit Feld und Garten."

Wenn die Gedanken des großen Fabrikherrn nach seinem Tode noch viele Jahre der Verwirklichung harren mußten, so lag dies in der Entwicklung der Verhältnisse begründet. Es kam die Zeit des großen wirtschaftlichen Aufschwungs, in der dem Arbeiter das Interesse an der Seßhaftmachung abging. Der Sinn für das Eigenheim und die Beschäftigung mit dem eigenen Grund und Boden ging mehr und mehr verloren. Indes blieben die Nachfahren Alfred Krupps unablässig bemüht, für die Verbesserung der Wohnungsverhältnisse zu tun, was in ihren Kräften stand. Viele Millionen wurden zur Schaffung neuer Wohnsiedlungen ausgegeben. Die Zahl der Werkswohnungen wuchs stetig an. Am Stammsitz der Firma Krupp in Essen sind es über 10000 Wohnungen (mit Einschluß der Kruppschen Bergwerke sogar 13000), die zur Vermietung an Werksangehörige zur Verfügung stehen. Rechnet man die Wohnungen der Kruppschen Außenwerke und der in der Werksgemeinschaft bestehenden, von der Firma finanziell unterstützten Baugenossenschaften hinzu, so ergibt sich ein Bestand von über 20000 Wohnungen[1].

Der Gedanke des Eigenheims erhielt während des Weltkrieges neue Anregung. Mit dem Ringen um die Verteidigung der Heimat wuchs wieder die Liebe zur heimatlichen Erde. Hieraus entstand allenthalben der Wunsch, Heimstätten für Krieger und Kriegshinterbliebene zu schaffen. In Essen gründete sich 1916 unter dem Namen

---

[1] Näheres siehe R. Klapheck, Siedlungswerk Krupp, Verlag Ernst Wasmuth Berlin.

„Heimaterde" eine Siedlungsgenossenschaft von Kruppschen Werksangehörigen, der die Firma einen Betrag von 1 Million Mark zum Ankauf eines 340 Morgen großen Geländes vor den Toren der Stadt zur Verfügung stellte. Jahr um Jahr errichtete die Genossenschaft mit weiterer finanzieller Unterstützung der Firma zahlreiche Wohnungen ländlicher Bauart. Im ganzen sind es bis heute 532 Wohnungen, davon 228 in Einfamilien- und 240 in Zweifamilienhäusern. Jeder Siedler verfügt über einen Hausgarten und einen Stall für Kleinvieh. In organischer Weiterentwicklung der bereits durchgeführten Siedlungsabschnitte wird in der „Heimaterde" seit Ende 1932 die Bautätigkeit im Sinne der Reichsrichtlinien für die vorstädtische Kleinsiedlung fortgesetzt. Das Gelände bietet Raum für die Ansiedlung von 800 Familien. — In gleicher Weise ist auf einem anderen Kruppschen Gelände in Essen bereits Anfang 1932 mit der Errichtung einer Stadtrandsiedlung begonnen worden. Zur Finanzierung trug die Firma in dem einen wie in dem anderen Falle durch Gewährung von Bauzuschüssen bei. Doch soll im nachfolgenden nicht von den Essener Versuchssiedlungen die Rede sein, sondern von der Krupp-Gruson-Siedlung des Grusonwerks in Magdeburg.

Krupp-Gruson-Siedlung. Bei der Fried. Krupp Grusonwerk Aktiengesellschaft, Magdeburg-Buckau, lag bisher kein dringendes Bedürfnis vor, Werkswohnungen zu errichten, da im allgemeinen die wachsende Zahl der Angestellten und Arbeiter auf dem freien Wohnungsmarkt hinreichende und genügend preiswerte Wohnungen fand. Die Wohnungsfürsorge dieses Werkes konnte sich daher darauf beschränken, in einzelnen Fällen Wohnungen für die Werksangehörigen durch Gewährung von Darlehen an gemeinnützige Baugenossenschaften zu beschaffen.

Schon zu Anfang des Jahres 1931, bevor die Reichsregierung durch eine Verordnung einen Reichskommissar für vorstädtische Kleinsiedlung bestellte, wurde im Krupp-Grusonwerk der Gedanke erwogen, einen Teil des Geländes, das in früheren Jahren für eine eventuelle Erweiterung der Werksanlagen beschafft worden war, Werksangehörigen für die Errichtung von Eigenheimen zur Verfügung zu stellen. Der Leitgedanke hierbei war außer den allgemeinen Erwägungen, die auch für die sonstigen vorstädtischen Kleinsiedlungen maßgebend sind, wertvolle Mitarbeiter des Werkes anzusiedeln, ihnen Gelegenheit zu geben, selbstverantwortlich für sich und ihre Kinder einen Besitz zu schaffen, durch Stolz auf die eigene Leistung ihr Selbstvertrauen zu stärken und in ihnen das Gefühl der persönlichen Verantwortung für die Gestaltung ihres Schicksals zu erwecken. Erstrebt wurde auch, hierdurch die Arbeitsfreudigkeit im Berufe zu heben und durch die Rückkehr zur Scholle und zur naturverbundenen Lebensweise die Siedler gleichzeitig wirtschaftlich widerstandsfähiger gegenüber Konjunkturschwankungen und Wirtschaftskrisen zu machen. Es handelt sich also bei diesem Vorhaben des Krupp-Grusonwerks nicht um eine Wohlfahrtseinrichtung im üblichen Sinne, deren Leistungen in der Regel den wirtschaftlich Schwächsten zugute kommen und nur zu leicht von den Nutzungsberechtigten als Almosen empfunden werden, sondern vielmehr darum, tüchtige Mitarbeiter auszuzeichnen und zu belohnen und in ihnen das Vertrauen auf die eigene Kraft zu stärken.

Erster Bauabschnitt. Wenn die Werksleitung auch die Absicht hatte, eine solche Siedlung weitgehend zu fördern, so glaubte sie aber, in Zeiten schlechten Geschäftsganges nicht verantworten zu können, eigene Mittel in dem Bau solcher Siedlungen festzulegen. Private Geldgeber waren für diesen neuartigen Gedanken zunächst noch nicht zu gewinnen. Erst die Verordnung über vorstädtische Kleinsiedlung im Herbst 1931 und das Zurverfügungstellen von Reichsdarlehen für diesen Zweck ermöglichten es, einen Versuch mit einer solchen Siedlung durchzuführen. So wurden im Jahre 1932 die ersten 30 Siedlerstellen mit einem Reichsdarlehen unter den üblichen Bedingungen errichtet. Freilich konnte die Absicht der Werksleitung nicht in vollem Umfange verwirklicht werden, da solche Reichsdarlehen nur für die Ansiedlung Erwerbsloser oder Kurzarbeiter gegeben wurden. Wenn zu dieser Zeit ein großer Teil der Belegschaft auch schon verkürzt arbeitete, so genügte das doch nicht den bestehenden Vorschriften, die als Kurzarbeiter für die Gewährung von Reichsmitteln für die vorstädtische Kleinsiedlung nur denjenigen anerkannten, der höchstens während der Hälfte der normalen Arbeitszeit hauptberuflich Beschäftigung hatte.

Da das Grusonwerk keine Kurzarbeiter hatte, die höchstens 24 Stunden in der Woche arbeiteten, und es auch selbstverständlich nicht angängig war, für 30 Siedler die Organisation des Werkes zu ändern bzw. man auch den Siedlern nicht zumuten konnte, statt den Lohn für 40—48 Stunden nun plötzlich nur den Lohn für 24 Stunden in der Woche zu verdienen, so war es im Jahre 1932 nur möglich, Erwerbslose zu siedeln.

Für diesen ersten Versuch wurden deshalb solche Werksangehörige ausgesucht, die infolge der schlechten Konjunktur damals arbeitslos waren, für die aber doch Aussichten bestanden, daß sie bei einer Besserung der Wirtschaftslage wieder in dem Werk Arbeit finden würden. Um diese Siedler auszuwählen, wurden durch eine Bekanntmachung die Werksangehörigen, auch die mit Berechtigung auf bevorzugte Wiedereinstellung Entlassenen, aufgefordert, sich in der Arbeitergeschäftsstelle zu melden und dort ein Flugblatt zur allgemeinen Unterrichtung über die geplante Siedlung sowie einen Fragebogen abzuholen. Von einer Gesamtbelegschaft von etwa 2500 Arbeitern (normal etwa 4500 Arbeiter) meldeten sich damals etwa 460 Interessenten. Hiervon haben 250 den Fragebogen beantwortet und sich dadurch um eine Siedlerstelle beworben. Das Interesse für eine solche Siedlung war also damals schon in großem Umfange vorhanden.

Der Bebauungsplan und Entwurf für die Siedlungshäuser wurde von Herrn Regierungsbaumeister a. D. Paul Schaeffer-Heyrothsberge, Architekt B.D.A., aufgestellt, dem auch die Oberleitung über die Errichtung der Siedlung übertragen wurde.

Träger der Siedlung im Sinne der gesetzlichen Bestimmungen war die Stadt Magdeburg, die auch als Darlehensnehmer gegenüber der Deutschen Bau- und Bodenbank aufgetreten ist. Die sich aus der Trägerschaft ergebenden Rechte und Pflichten wurden in weitem Maße durch einen besonderen Vertrag mit der Stadt Magdeburg vom Grusonwerk übernommen.

Mit dem Bau der Siedlung wurde im Mai 1932 begonnen und die Häuser wurden so fertiggestellt, daß der größte Teil davon zum 1. Oktober, der Rest im Laufe des Oktober 1932 bezogen werden konnte. Da fast sämtliche Arbeiten von den Siedlern in Selbst- und Nachbarhilfe ausgeführt wurden, war diese schnelle Fertigstellung der Häuser nur möglich durch äußerste Arbeitsanspannung der Siedler und durch Heranziehung des Freiwilligen Arbeitsdienstes, insbesondere zu Transportarbeiten und Straßenbau, aber auch zur Unterstützung bei Maurer-, Zimmerer- und Klempnerarbeiten. Einen Blick in die Siedlung gibt die folgende Abbildung.

Abb. 12. Krupp-Grufon-Siedlung. Bauabschnitt I.

Zweiter Bauabschnitt. Dieser erste Versuch mit einer vorstädtischen Kleinsiedlung zeigte, daß es bei äußerster Sparsamkeit und weitgehender Selbsthilfe möglich ist, für 2500 RM ein Haus zu bauen, das nicht nur seinen Zwecken voll genügt, sondern auch einem privaten Geldgeber hinreichende Sicherheit für ein Baudarlehen bietet. Die Ergebnisse des ersten Versuches ermutigten zu einer Fortsetzung im Jahre 1933. Es gelang, ein großes Versicherungsunternehmen für die Finanzierung der Siedlung zu gewinnen. Über die Bedingungen dieser Geldhergabe wird in dem nächsten Kapitel berichtet werden. Die Finanzierung der Siedlung ohne Staatsbeihilfe machte es möglich, tüchtigen Mitarbeitern des Werkes Gelegenheit zu geben, eine Siedlerstelle zu erwerben unabhängig davon, ob sie erwerbslos waren oder kurzarbeiteten.

Auswahl der Siedler. Die Siedler für den Bauabschnitt 1933 wurden von den Betriebsführern aus den Reihen der Interessenten ausgesucht und hierbei besonders geprüft, ob die Anwärter und ihre Frauen sich für eine solche Siedlung persönlich eigneten, ob sie den mit Errichtung einer solchen Siedlung verbundenen Arbeiten gewachsen sein würden, ob sie in wirtschaftlich geregelten Verhältnissen lebten und in der Lage wären, aus eigenen Mitteln einen Zuschuß zu den Errichtungskosten beizusteuern.

Überblick über die Vorarbeiten. Vor den ersten gemeinsamen Besprechungen mit den Siedlern hatte der Architekt den Bebauungsplan, die Entwurfszeichnung für die Siedlerhäuser und einen Kostenvoranschlag angefertigt; auch war bei der Regierung die Anerkennung als vorstädtische Kleinsiedlung beantragt, um den Siedlern die Vorteile: Befreiung von gewissen baupolizeilichen Vorschriften und von Gebühren, Stempeln, Steuern (insbesondere Umsatzsteuer) zu verschaffen. Die Frage des Wegerechts machte im vorliegenden Falle keine Schwierigkeit, weil in dem Bebauungsplan der Stadt in diesem Gelände noch keine öffentlichen Wege geplant sind und deswegen Privatwege angelegt werden können. Da aber in dem angrenzenden Gelände, das für eine Erweiterung der Siedlung in Frage kommt, in einem älteren Bebauungsplan die Anlage einer öffentlichen Straße vorgesehen ist, beantragte das Grusonwerk gleichzeitig bei der Regierung, das gesamte für die vorstädtische Kleinsiedlung zunächst in Aussicht genommene Gelände als für diesen Zweck geeignet anzuerkennen, um die Frage des Wegerechts klären zu können. Die Straßenbaukosten sind so hoch, daß es ausgeschlossen erscheint, an einer solchen Straße vorstädtische Kleinsiedlungen zu errichten. Das Rundschreiben des Reichskommissars für vorstädtische Kleinsiedlungen vom 22. 3. 32 R.K.S. 11—53 (Reichsarbeitsblatt I S. 56) gibt aber die Möglichkeit, in solchen Fällen Bebauungspläne entsprechend umzugestalten und der inzwischen stark veränderten Wirtschaftslage anzupassen.

Durch Probebohrungen waren die Grundwasserverhältnisse geklärt und dadurch festgestellt, daß auf dem Gelände genügend Wasser vorhanden und ein Anschluß an die öffentliche Wasserleitung, die neben der Erhöhung der ersten Errichtungskosten auch laufend eine zusätzliche Belastung des Siedlers bedeutet, nicht erforderlich ist. Auch waren mit der Lebensversicherungsgesellschaft die nötigen Verhandlungen angebahnt, um die Finanzierung des Vorhabens zu sichern und die Bedingungen der Geldhergabe zu klären. Die Zwischenfinanzierung bis zur Fertigstellung der Häuser wurde vom Grusonwerk zinslos gewährt.

Besprechungen mit den Siedlern. Der Architekt hatte bei seinen Entwürfen verschiedene Variationen vorgesehen. In Besprechungen mit den Siedlern wurde nun festgestellt, welcher Entwurf dem Bau zugrunde gelegt werden sollte. Soweit die Siedleranwärter nicht schon früher Fragebogen eingereicht hatten, wurden sie aufgefordert, solche auszufüllen, damit man ihre persönlichen Verhältnisse nachprüfen konnte. Ebenso mußten die Siedler zur Feststellung ihrer Versicherungsfähigkeit einen vorläufigen Antrag auf Abschluß einer Lebensversicherung einreichen und in Zweifelsfällen ihren Gesundheitszustand durch einen Arzt nachprüfen lassen.

In persönlichen Besprechungen mit dem Siedler und seiner Frau wurden dann die finanziellen Verhältnisse des Siedlers geklärt. Wenn in dem Fragebogen die Siedler auch schon anzugeben hatten, mit welchem Betrag sie sich bei Errichtung ihrer Siedlerstelle gegebenenfalls beteiligen könnten, so schien es doch nicht zweckmäßig, in diesem Fragebogen zu eingehend die finanzielle Lage des einzelnen erforschen zu wollen, da erfahrungsgemäß solche Fragen unvollständig und unrichtig beantwortet werden. Es war aber sehr wichtig festzustellen, ob die Siedler auch keine Schulden hatten, und sie auf die Schwierigkeiten hinzuweisen, die entstehen, wenn sie, ohne ältere

Verpflichtungen abgetragen zu haben, an die Errichtung einer Siedlerstelle herangehen.

Auslosen der Siedlerstellen. In den Vorbesprechungen wurde auch die Frage geklärt, ob die einzelnen Siedlerstellen vor Beginn der Arbeiten, nach Fertigstellung des Rohbaues oder nach Fertigstellung der gesamten Siedlung ausgelost werden sollten. Alle Siedler äußerten den Wunsch, ihre Stelle schon vor Beginn der Arbeiten zugeteilt zu bekommen, damit einzelne Sonderwünsche bezüglich des Baues der Häuser berücksichtigt und Gartenarbeiten schon im ersten Sommer vorgenommen werden könnten. Durch eine solche Zuteilung der einzelnen Siedlerstellen vor Beginn der Arbeiten wurde allerdings die Tätigkeit des Architekten und des Bauführers erschwert. Dies nahm man aber in Kauf, um dem Siedler von Anfang an das Gefühl zu geben, daß er Bauherr seines Hauses ist. Dieser Gedanke war auch Richtschnur für alle von den Siedlern abzuschließenden Verträge und Abmachungen. So gilt der Siedler als Bauherr und Arbeitgeber im Sinne der gesetzlichen Sozialversicherung (Krankenversicherung, Invaliden-, Unfall- und Arbeitslosenversicherung). Für etwaige Unfälle und Sachschäden, die der Siedler oder die von ihm zur Verfügung gestellten Hilfskräfte bei Errichtung der Siedlung erleiden, haftet das Grusonwerk nicht. Die Baustelle ist bei der Zweiganstalt der Magdeburgischen Baugewerks-Berufsgenossenschaft versichert. Um dieser Berufsgenossenschaft und den Siedlern die Arbeit zu erleichtern, werden die monatlichen Meldungen über die geleistete Arbeit im Auftrage der Siedler vom Grusonwerk eingereicht, die Versicherungsbeiträge vorgeleistet und auf die Errichtungskosten angerechnet. Der Siedler aber trägt für sich und seine Hilfskräfte die Verantwortung für die Beachtung der Unfallverhütungsvorschriften und der sonstigen Ordnungsvorschriften der Baugewerks-Berufsgenossenschaft.

Abschluß der Siedlerverträge. Nach Klärung aller Vorfragen wurde mit dem Siedler ein Siedlervertrag abgeschlossen. Dieser enthielt Angaben über die Lage und Größe der Siedlerstelle, über die zu leistenden Arbeiten, sowie eine Zeichnung, nach der das Wohn- und Stallgebäude errichtet werden soll.

Durch den Siedlervertrag überträgt der Siedler weiterhin dem Grusonwerk das Recht, alle Baustoffe für die Errichtung der Siedlerstelle, sowie die Bäume und Sträucher für die erste Bepflanzung zu beschaffen, ebenso einzelne Bauarbeiten und Lieferungen an Dritte zu vergeben und den Freiwilligen Arbeitsdienst zur Mithilfe heranzuziehen.

Bei dem Entwurf des Siedlungshauses hatte der Architekt berücksichtigt, daß nicht alle Siedler über den gleichen Geldbetrag für Errichtung der Siedlerstelle verfügen; er hatte daher Einsparungen vorgesehen (z. B. vorläufiger Verzicht auf den Ausbau des Dachgeschosses oder auf die elektrische Anlage im Haus oder auf den Waschkessel, billigeren Kochherd, Fortfall einer Zwischenwand mit Tür im Erdgeschoß). In den oben erwähnten Besprechungen über die finanzielle Lage des einzelnen Siedlers war festgelegt worden, zu welchen Zeitpunkten die Siedler die Einzahlungen für ihre Stelle leisten und welche Einsparungen vorgenommen werden müssen. Ebenso waren aber auch die Mehrkosten festgestellt worden, die, soweit die Siedler finanziell dazu in der Lage waren, durch Befriedigung besonderer Wünsche (z. B. vollständige Unterkellerung des Vorderhauses, Einbau eines zweiten Schlafraumes im Dachgeschoß, Bau einer Dachgaube, in einzelnen Fällen auch Vergrößerung des Hausgrundrisses) entstehen. Im Siedlervertrage wird diese Vereinbarung bezüglich Errichtungskosten und bezüglich Einzahlungen des Siedlers noch einmal festgelegt.

Das Grusonwerk ist verpflichtet, dem Siedler unmittelbar nach Fertigstellung der Siedlerstelle ein Erbbaurecht an dieser einzuräumen, wenn der Siedler die ihm nach dem Siedlervertrage obliegenden Verpflichtungen bis dahin erfüllt hat. Mit der Bestellung des Erbbaurechts hat der Siedler durch besondere Schuldurkunde die Darlehensschuld gegenüber der Versicherungsgesellschaft zu übernehmen und durch eine erststellige Hypothek auf dem Erbbaurecht zu sichern.

Abschluß der Lebensversicherung. Der Siedlervertrag legt dem Siedler ferner die Verpflichtung auf, eine Lebensversicherung abzuschließen. Durch ein besonderes Schreiben an die Lebensversicherungsgesellschaft tritt er die Rechte aus dieser Lebensversicherung an die Versicherungsgesellschaft ab und begünstigt im Erlebens- wie auch im Todesfalle unwiderruflich die Versicherungsgesellschaft. In dem gleichen Schreiben beantragt der Siedler die Aufnahme besonderer Bedingungen in den Versicherungsvertrag, durch die festgelegt wird, daß die Versicherungssumme zur Rückzahlung des Darlehens dient, soweit dieses nicht vorher durch freiwillige Abzahlungen ganz oder teilweise abgetragen ist. Übersteigt die Lebensversicherungssumme am Fälligkeitstage die Darlehensschuld, so soll der überschießende Betrag im Erlebensfalle dem Siedler, im Todesfalle seiner Frau und nach deren Ableben den Kindern des Siedlers oder namentlich bestimmten Erben ausgezahlt werden. Die Begünstigung der Lebensversicherungsgesellschaft aus der Lebensversicherung soll wegfallen und die Rechte aus dieser Versicherung sollen auf den Siedler zurückübertragen werden, wenn bei einem Übergang des Erbbaurechts auf einen anderen dieser eine Lebensversicherung in Höhe der derzeitigen Darlehensforderung an das Unterpfand abschließt. Verliert der Siedler durch Heimfall sein Erbbaurecht an das Grusonwerk, so ist die Versicherungsgesellschaft berechtigt, die Versicherung zu kündigen und den Rückkaufswert der Versicherung auf die Darlehensschuld zu verrechnen.

Nach den Bestimmungen des Siedlervertrags hat der Siedler den an das Grundstück angrenzenden Weg, soweit dieser fertiggestellt ist, instandzuhalten und regelmäßig zu reinigen. Der Siedler hat ferner alle polizeilichen Vorschriften zu erfüllen, die das Grusonwerk als Eigentümer des Grundstücks zu beachten hat (z. B. Bestreuen der Wege bei Glatteis).

Bis zur Übertragung des Erbbaurechts gilt das Grundstück als pachtweise dem Siedler überlassen. Im Baujahr braucht der Siedler keinen Pachtzins zu entrichten. Vom Beginn des nächsten Jahres ab hat er, für den Fall, daß ihm das Erbbaurecht noch nicht eingeräumt sein sollte, als Pachtzins die Zahlungen zu leisten, die ihm nach dem Erbbauvertrage obliegen würden (Erbbauzins von $1^1/_2$ Pfg. je qm im ersten, $2^1/_2$ Pfg. im zweiten und $3^1/_2$ Pfg. in den folgenden Jahren, Verzinsung des Darlehens, Lebensversicherungsprämie, Feuer- und Haftpflichtversicherung, auf das Grundstück entfallende einmalige und wiederkehrende Steuern und sonstige öffentlich-rechtliche Lasten, Abgaben, Gebühren und Beiträge).

Siedlerverein. Schließlich enthält der Siedlervertrag noch Bestimmungen über die Verpflichtung des Siedlers, Mitglied beim Krupp-Gruson-Siedlung e. V. zu werden. Dieser Verein bezweckt, die Siedler der Krupp-Gruson-Siedlung zu gemeinnütziger Arbeit auf dem Gebiete der vorstädtischen Kleinsiedlung zusammenzuschließen. Seine Aufgaben sind insbesondere:

1. Schaffung und Unterhaltung von Gemeinschaftsanlagen für die Krupp-Gruson-Siedlung (Wege, Plätze, Brunnen),

2. Durchführung der Gemeinschaftsarbeiten im Wege der Selbst- und Nachbarhilfe,

3. Ausgleich von Härten in der Wegeunterhaltungs- und -reinigungspflicht der Siedler (z. B. bei Eckgrundstücken mit längeren Wegefronten),

4. Wirtschaftsberatung und Erfahrungsaustausch auf den Gebieten des Gartenbaues und der Kleintierhaltung,

5. Pflege freundnachbarlichen Verkehrs,

6. Übernahme von Verwaltungsarbeiten für die Siedlung, soweit und solange solche dem Verein von der Fried. Krupp Grusonwerk A.G. übertragen werden.

Erbbauvertrag. Das Erbbaurecht enthält neben den sonstigen üblichen Bestimmungen die schon vorstehend erwähnten Zahlungsverpflichtungen des Siedlers. Außerdem ist in diesem Erbbauvertrag festgelegt, daß der Siedler keinen Anspruch auf Ausbau des an sein Erbbaugrundstück anschließenden Privatweges zu einer öffentlichen Straße oder Anschluß seiner Siedlerstelle an die öffentlichen Versorgungsleitungen und sonstigen öffentlichen Einrichtungen hat.

Veräußerung des Erbbaurechts. Die Veräußerung des Erbbaurechts bedarf zu ihrer Wirksamkeit der vorherigen schriftlichen Zustimmung des Grusonwerks. Diese kann, abgesehen von wichtigen Gründen, die in der Person des Dritten, dem das Erbbaurecht übertragen werden soll, liegen, auch dann versagt werden, wenn bei der Weiterveräußerung ein Preis vereinbart ist, der über dem Anschaffungswert liegt und nicht durch Aufwendungen des Erbbauberechtigten auf das Grundstück gerechtfertigt wird.

Dem Grusonwerk wird ein Vorkaufsrecht eingeräumt. Eine weitere Belastung des Erbbaurechts oder eine andere Verfügung über dasselbe ist ohne Zustimmung des Grusonwerks unzulässig. Ein Heimfall des Erbbaurechts ist außer in den im Muster des Reichskommissars für vorstädtische Kleinsiedlung vorgesehenen Fällen auch dann möglich, wenn das Grusonwerk das Grundstück zur Erweiterung seiner Anlagen benötigt. Es ist unwahrscheinlich, daß das Grusonwerk von diesem Recht jemals Gebrauch machen wird. Sollte es aber trotzdem dazu genötigt sein, so wird es dem Siedler eine sofort zahlbare Vergütung in der vollen Höhe des gemeinen Wertes unter Abzug des Kapitalwertes der Belastung des Erbbaurechtes durch Dritte, die das Grusonwerk als Schulden übernimmt, gewähren.

Schuldurkunde. Für die Schuldurkunde wird das bei der Versicherungsgesellschaft übliche Muster sinngemäß abgeändert. Die Zinsen werden monatlich im voraus an das Grusonwerk gezahlt, das diese Zahlungen vierteljährlich nachträglich an die Versicherungsgesellschaft abführt.

Einschaltung der Verwaltungseinrichtungen des Werkes. Bei Errichtung der Siedlung wurden, soweit angängig, die Verwaltungseinrichtungen des Werkes, und zwar kostenlos zur Verfügung gestellt. Sämtliche Baustoffe wurden durch die Einkaufsabteilung des Werkes beschafft. Dort wurden auch die eingehenden Rechnungen geprüft und nach Anweisung durch den Architekten von der Hauptkasse des Werkes bezahlt. In der Selbstkostenabrechnung wurden die auflaufenden Kosten (Rechnungen, aus dem Werk entnommene Materialien sowie Löhne und Werkstattzuschläge) zusammengestellt. Der Meister der Bauabteilung überwachte nebenamtlich die Siedler und den Freiwilligen Arbeitsdienst bei Anfertigung der Zimmererarbeiten. Das Hauptmagazin des Werkes lieferte, soweit erforderlich, Werk- und Hilfsstoffe. Der Bauführer war berechtigt, zu diesem Zweck Materialentnahmescheine zu Lasten der Siedlung auszustellen. Auch die Lehrlingswerkstatt wurde zur Anfertigung von Türbeschlägen und sonstigen kleineren Arbeiten herangezogen. Aus den Beständen des Werkes wurden leihweise Rüstungen und Baugleise zur Verfügung gestellt. Soweit die Baustoffe mit der Eisenbahn ankamen, wurden sie auf dem Anschlußgleis des Werkes in Loren der Werksbahn umgeladen und durch eine Werkslokomotive auf die Baustelle gefahren.

Als Ergebnis der vorstehenden Betrachtungen kann festgestellt werden, daß die Errichtung einer vorstädtischen Kleinsiedlung in Anlehnung an ein industrielles Werk den Siedlern und dem Werk Vorteile bietet. Dem Siedler kommen in weitem Maße die Hilfsmittel und Einrichtungen des Werkes zugute. Er selbst hat keine Erfahrung in bezug auf Vertragsangelegenheiten, Materialbeschaffung, Finanzierungsfragen usw. Ein Werk aber verfügt in seinen einzelnen Abteilungen über die nötigen Sachbearbeiter, die ohne sonderliche Mehrbelastung ihre Erfahrungen für die Errichtung der Siedlung zur Verfügung stellen können. Das Werk aber sichert sich einen krisenfesten Arbeiterstamm, der sich dem Werk verbunden fühlt und in diesem Arbeit suchen wird, auch wenn er dazu nicht vertraglich verpflichtet ist. Es ist zu wünschen, daß von dieser Möglichkeit eines erfolgreichen Zusammenarbeitens noch bei vielen anderen Werken Gebrauch gemacht werden wird.

2. Die Finanzierung der Krupp-Gruson-Siedlung und ihre volkswirtschaftliche und sozialpolitische Bedeutung.
Von Dr. H. Berger B.N.S.D.J., Magdeburg.

Grundgedanke der Vollarbeiter-Siedlung. Im einleitenden Teil dieser Schrift sind die Grundgedanken und -formen der Nebenerwerbs-Siedlung dargelegt worden, die als Arbeitslosen-Siedlung und später auch als Kurzarbeiter-Siedlung Unterstützung und Förderung durch den Staat gefunden hat. Bei der Siedlung des Krupp-Grusonwerks hat man sich folgende Fragen vorgelegt: Zwingt die im nationalen Deutschland mit Recht und Selbstverständlichkeit erhobene Forderung, den Arbeiter zu einem vollwertigen Gliede im Staate und zu einem stolzen, freien Menschen zu machen und ihn dem heimatlichen Boden und der Natur näherzubringen, nicht dazu, den Arbeiter schlechthin, ungeachtet der Art und Dauer seiner Beschäftigung, zur Siedlung zuzulassen?

Warum sollten etwa den Arbeitern solcher Industrien, wo aus irgendwelchen Gründen eine weitgehende Kurzarbeit nicht durchführbar ist und dem hochwertigen Spezialarbeiter, dessen Arbeitskraft vielleicht trotz einer im übrigen Betrieb durchgeführten Kurzarbeit voll angesetzt wird, die Vorteile der Siedlung vorenthalten werden, obwohl hier vielleicht das gediegenste Menschenmaterial zur Verfügung steht?

Die Kritik an diesen Überlegungen setzt nicht an der Idee als solcher, sondern an ihrer praktischen Durchführbarkeit ein. Wenn auch der Grund und Boden nach den für das Stadtrand-Siedlungsprogramm getroffenen Feststellungen verfügbar wäre, so scheitert eine kraftvolle Durchführung einer solchen Maßnahme scheinbar am Kapitalmangel. Denn staatliche Mittel werden für diese weitgehende Art der Industriearbeiter-Siedlung nicht gewährt und ständen bei den gigantischen Ausmaßen eines derartigen, auf breitester Grundlage durchgeführten Planes beim besten Willen auch nicht zur Verfügung, wo ja doch schon die Mittel für die Arbeitslosen- und Kurzarbeitersiedlung recht knapp sind. Der Siedler selbst hat normalerweise das Geld nicht zur Verfügung. Eine Finanzierung durch die beschäftigenden Betriebe verbietet sich von vornherein schon durch Fehlen des nötigen Kapitals; auch würde das Gefühl der Abhängigkeit vom Arbeitgeber, das ja gerade gelöst werden soll, bis in die persönliche Sphäre des Privatlebens hinein ausgedehnt werden. Die Struktur der Bausparkassen mit den lotterieartigen Kreditvergebungen ist zur Durchführung eines derartigen gewaltigen Programms nicht geeignet. Es kommt also darauf an, von anderer Seite die Mittel zu beschaffen, und zwar in einer Weise, daß die selbständige Existenz des Siedlers in keiner Weise angetastet wird.

Die private Finanzierung: Belastungsmöglichkeit und Kapitalhöhe. Außerdem müssen die Kosten für die Errichtung der Siedlungsstelle so gehalten sein, daß das für das einzelne Vorhaben benötigte Kapital bezüglich der Höhe und der Bedingungen, unter denen es gewährt wird, den Siedler nicht unerträglich belastet. In einer Industriestadt wie Magdeburg ist davon auszugehen, daß der erwerbstätige Arbeiter für seine Wohnung etwa 25 RM im Monat, das sind 300 RM im Jahr, aufwenden kann. Unter diesen Umständen ist genau so wie beim Arbeitslosen und beim Kurzarbeiter der käufliche Erwerb von Grund und Boden für die Siedlungsstelle auch bei einer weitgehenden Stundung und Abtragung des Kaufpreises im allgemeinen finanziell untragbar. Diese Erkenntnis weist für die Beschaffung von Grund und Boden auch bei der Vollarbeiter-Siedlung auf den Weg des Erbbaurechts, das dem Siedler ermöglicht, unter Zugrundelegung eines Erbbauzinses von 3,5 Pfg. je Quadratmeter und Jahr mit einem jährlichen Aufwand von 35 RM eine Siedlungsstelle von rund 1000 qm im Erbbaurecht zu erwerben. Ein weiterer Betrag von 25 RM im Jahre muß für allgemeine Unkosten wie Feuerversicherung, Haus- und Grundstückshaftpflichtversicherung, Unterhaltung der Straßen und Platzanlagen u. dgl. abgezweigt werden, so daß noch 240 RM für den Zinsen- und Tilgungsdienst bzw. eine andere Art der Kapitalabdeckung zur Verfügung stehen. Im Falle der Krupp-Gruson-Siedlung wurde, ausgehend von der Tragbarkeit einer jährlichen Rente in der genannten Höhe von 240 RM für den Siedler, ein Baukapital je Siedlungsstelle von netto rund 2350 RM gewonnen. Dies dürfte im normalen Rahmen der gegenwärtigen Verhältnisse am freien Kapitalmarkt liegen, mit dem man ja — zur Zeit wenigstens — bei der Finanzierung der Vollarbeiter-Siedlung zu rechnen hat. Auf die Durchführbarkeit des Siedlungsplanes auf dieser durch einen Zuschuß des Siedlers noch etwas erhöhten Grundlage wird in einem besonderen Aufsatz dieser Schrift eingegangen. Die Lösung, die bei dem Siedlungsplane von Krupp-Gruson gefunden ist, wird künftig selbstverständlich noch in Einzelheiten zu berichtigen und zu verbessern sein; doch dürften die beschrittenen Wege grundsätzlich richtig sein.

Die Firma hat ihr am Rande der Stadt gelegenes Gelände für Siedlungszwecke erschlossen und es gegen mäßigen Erbbauzins für siedlungslustige Arbeiter des Werks zur Verfügung gestellt. Die Siedlungsstelle umfaßt im allgemeinen etwa 1000 qm, wovon 45 qm auf Wohngebäude und Stallung entfallen, während die andere Nutzfläche Hof und Garten dient. Im Baujahr wird an Erbbau- und Pachtzins nichts berechnet, in dem dann folgenden Jahre werden $1^1/_2$ Pfg., im nächsten Jahre $2^1/_2$ Pfg. und zuletzt $3^1/_2$ Pfg. je Quadratmeter erhoben. Die für die Siedlungserrichtung tatsächlich entstehenden Kosten belaufen sich, wie in einem anderen Abschnitt dieser Schrift erläutert wird, auf rund 2600 RM, während die Siedlungsstelle selbst schlüsselfertig zur Zeit einen Wert von 4000—4500 RM hat.

Verbindung zwischen hypothekarisch gesichertem Kredit und Lebensversicherung. Die Finanzierung der einzelnen Siedlungsanlage ist durch eine dem Hingabezweck entsprechende langfristige Kreditgewährung seitens eines großen Versicherungsunternehmens erfolgt, das auch in anderen Fällen bereits mit Wagemut und Verständnis für die Forderungen der Zeit an die Lösung volkswirtschaftlich bedeutungsvoller Aufgaben herangegangen ist. Der Kredit, der für die einzelne Siedlungsstelle gegeben worden ist, beträgt brutto 2500 RM. Er ist erststellig hypothekarisch gesichert; daneben hat das Krupp-Grusonwerk, weil es sich bei diesem Plan um den ersten praktischen Versuch handelt, die Bürgschaft für das Darlehen übernommen. Den verhältnismäßig geringen Differenzbetrag zwischen den reinen Herstellungskosten (rund 2600 RM) und dem Darlehen trägt der Siedler selbst, notfalls durch Inanspruchnahme eines weiteren kleinen Kredits. Die Kosten für den mitangesetzten Freiwilligen Arbeitsdienst sind, weil geldliche Aufwendungen von privater Seite hierfür ja nicht zu machen sind, ebenso wie die Arbeit des Siedlers selbst unberücksichtigt geblieben.

Die besondere Eigenart der Finanzierung liegt in deren Verbindung mit einer auf den gleichen Betrag wie das Darlehen lautenden Lebensversicherung für den Siedler. Die Versicherung wird auf den Fall des Todes und des Erlebens des Siedlers abgeschlossen. Im letzteren Fall gilt eine Laufdauer von 25 Jahren. Die erste Versicherungsprämie wird bei der Auszahlung des Kapitals zusammen mit den Gebühren gleich abgehalten, so daß etwa 2350 RM zur Auszahlung gelangen. Die für den Siedler daraus entstehende laufende geldliche Belastung, die — wie gesagt — im Vergleich zu der für eine Stadtwohnung aufzuwendenden Miete von wesentlicher Bedeutung ist, gestaltet sich folgendermaßen:

Tatsächliche finanzielle Belastung des Siedlers. Im ersten Jahre beläuft sich die jährliche Belastung des Siedlers (Erbbauzins, Hypothekenzinsen, Lebensversicherungsprämie und sonstige Aufwendungen) auf 280 bis 300 RM, je nach dem Alter des Eintritts in die Lebensversicherung, im Monat sind das rund 23—25 RM; durch die Erhöhung des Erbbauzinses steigt der Satz im nächsten Jahre etwas, nämlich auf 290—310 RM = 24—26 RM je Monat und im dritten Jahr auf 300—320 RM = 25—27 RM monatlich. Vom vierten Jahre ab tritt dann wieder eine fortschreitende Senkung durch die Dividenden der Lebensversicherungsgesellschaft ein. Außerdem ist zu erwarten, daß in Auswirkung der Weiterbehandlung des Zinsproblems im nationalsozialistischen Staate mindestens im Laufe der Jahre der zur Zeit 6 % betragende Zinssatz noch eine Verminderung* erfahren wird. Andere wesentliche Belastungen — die

* Während der Drucklegung dieser Schrift ist bereits eine Ermäßigung des Zinsfußes auf $5^1/_2$ % eingetreten.

geringe Grundsteuer für einen Teil des Grund und Bodens fällt bei den weitgehenden Befreiungsvorschriften ja kaum ins Gewicht — bestehen für den Siedler nicht.

Schuldenfreiheit des Grundstückes im Todes- und Erlebensfalle. Stirbt der Siedler, so wird der auszuzahlende Lebensversicherungsbetrag gegen das Darlehen aufgerechnet, die als Sicherung eingetragene Hypothek gelöscht und so das Grundstück schuldenfrei. Auf diese Weise ist eine Grundlage für eine gesicherte Lebensfortführung der Siedlerfamilie geschaffen. Die Familie ist durch die wirtschaftlichen und ideellen Vorteile der Siedlung besser gestellt als die Stadtbewohner, die nur auf die Sozialrente angewiesen sind und hiervon auch noch die Miete bestreiten müssen. Hier aber haben die Angehörigen des Siedlers ein schuldenfreies Grundstück, die Garten- und sonstige Bodennutzung, Kleinvieh u. dgl. und daneben noch die Sozialrente, die fast in voller Höhe zur ergänzenden Bestreitung der Lebenshaltung aufgewendet werden kann; denn die Miete fällt ja so gut wie fort, da die bislang zu verzinsende Schuld durch die Lebensversicherung abgelöst wird und auch die Versicherungsprämienzahlung aufhört. Es bleibt an anderen Ausgaben, außer geringfügigen Nebenausgaben (Feuerversicherung usw.), nur noch der Erbbauzins für Grund und Boden übrig, der kaum ins Gewicht fällt; alles in allem sind dies jährlich etwa noch 60 bis 70 RM. Dieser sich aus der Siedlung heraus entwickelnde soziale Erfolg tritt aber nicht nur in dem Falle des vorzeitigen Ablebens des Siedlers ein, sondern er stellt auch für den lebenden Siedler den Normalfall dar, nämlich nach 25 Jahren, wo die Lebensversicherungssumme ohne weiteres fällig wird. Im allgemeinen wird der Aufenthalt in der Natur, das Leben in Luft und Sonne, den Siedler auch dann noch über die Rüstigkeit verfügen lassen, durch seiner Hände Arbeit zum Lebensunterhalt beizutragen. Aber auch wenn seine Kräfte nicht mehr dazu ausreichen, daß er seiner werktätigen Arbeit wie bisher nachgehen kann oder daß er durch intensivere Bodenbearbeitung den Ertrag aus der Siedlung vergrößert, so ist ihm als „Sozialrentner" doch ein ungleich besseres Los beschieden als dem Berufsgenossen aus der Stadt.

Nicht ganz unbeachtet darf auch die Tatsache bleiben, daß die mit der Entlastung des Grundstückes entstandene neue Beleihungsfähigkeit eventuell wieder zur Kapitalaufnahme benutzt werden kann, mit dem die Erwerbsmöglichkeiten, sei es nun durch Vergrößerung der Siedlungsstelle oder auf andere Weise — etwa durch Einrichtung eines Ladengeschäftes bei bestehendem Bedarf — erweitert werden können. Allerdings wird es sich bei diesen Fällen der Erweiterung der siedlungsmäßigen Erwerbsquelle immer nur um Ausnahmen handeln; besondere Tüchtigkeit und Eignung der Siedlerfamilie sind selbstverständliche Voraussetzung, und die Prüfung der den Kredit gebenden Stelle hätte sich demnach nicht nur auf die Sicherheit des Objektes, sondern auch — und zwar unter Anlegung eines strengen Maßstabes — auf diese nach der persönlichen Seite von Fall zu Fall zu lösenden Fragen zu erstrecken.

Sicherheit der Kapitalanlage. Wenn vorstehend der in der Art der Finanzierung für den Siedler liegende große Vorteil besprochen wurde, so muß daneben betont werden, daß diese auch für den Kreditgeber eine höchst zweckmäßige Geldanlage darstellt. Bei der privaten Finanzierung spielt dieser Gesichtspunkt nun einmal eine beachtliche Rolle mit. Bei der Höhe des Darlehens von 2500 RM und bei einem Marktwert der Siedlungsstelle von 4000 — 4500 RM beläuft sich der Beleihungssatz auf 55 bis 60%. Er ist vom Kreditgeber also höher bemessen worden als bei anderen Wohngebäuden. Der Grund hierfür ist nicht etwa in der vom Krupp-Grusonwerk für das Darlehen übernommenen Bürgschaft zu suchen. Für diese Bürgschaft ist ebenso wie für die gegenwärtige Höhe der Verzinsung zu beachten, daß es sich doch bei dem ganzen Plan noch um Neuland handelt und daß die Geldgeberin bei ihrer Kapitalanlage der Kontrolle des Reichsaufsichtsamts für Privatversicherungen unterworfen ist, das für größtmögliche Sicherheit und Ergiebigkeit der Geldanlage zu sorgen hat. Man ist der Kreditgeberin dieses erste Mal entgegengekommen, um erst einmal Schrittmacher zu werden in der Durchführung eines Planes, der, auf breitester Grundlage in Angriff genommen, zur Lösung des nationalen Problems der Volksaufartung in hervorragender Weise beitragen wird und schon jetzt in seinen Anfängen Zeugnis für die Würdigkeit und Sicherheit der Finanzierung ablegt. Wer Verständnis und Blick für die künftige Entwicklung der Wohnungsfrage des arbeitenden Volkes hat, muß zugeben, daß die bei den Siedlern gegenüber anderen Wohngebäuden höhere

Bemessung der Beleihungsgrenze in der Sicherheit und Marktgängigkeit des beliehenen Objektes selbst liegt. Geht man heute durch die Straßen der Großstadt, so sehen einen die oft schon vergilbten und verwitterten Schilder „Zu verkaufen" oder „Zu vermieten" an den großen Villen und komfortablen Mietshäusern von allen Seiten an. Beobachtet man demgegenüber die Art der Neubautätigkeit, so gelangt man schon rein gefühlsmäßig zu der Auffassung, daß bei der Anlage von Kapitalien die Beleihung von Objekten derjenigen Wohnungsbauform, die dazu dient, das deutsche Volk wieder heimatverbundener zu machen und in dem industriellen Arbeiter das Bewußtsein des Wertes der eigenen Scholle einzupflanzen, an vorderster Stelle steht. Die Geldhingabe für diesen Zweck bietet selbst bei einer Beleihung von 70—80 % des Wertes heutzutage vielleicht eine größere Sicherheit als eine nur 20%ige Beleihung komfortabler, mit der fortschreitenden Rückkehr zur Einfachheit immer mehr an Marktfähigkeit und dementsprechend an Wert verlierender Bauwerke. Die Billigkeit der einzelnen Siedlungsstelle wird ihr stets einen flüssigen Markt sichern. Nicht zu vergessen ist schließlich, daß der Nebenerwerbs-Charakter der Industriearbeiter-Siedlung sie zu einem bestimmenden Faktor in der Klärung der sozialen Fragen machen und ein gewaltiger Bedarf an Siedlungsstellen einsetzen wird. Darum sollten auch die anderen für eine Finanzierung in Frage kommenden Institute und sonstigen Stellen und Personen, die Kapital anzulegen haben, dieser sicheren und volkswirtschaftlich überaus wertvollen Art der Kapitalanlage ihr bevorzugtes Augenmerk zuwenden.

Kapitallenkung zu Siedlungszwecken. Die amtlichen Ziffern über die Neuanlage von Kapitalien der Lebensversicherungsgesellschaften eröffnen einen Ausblick auf die allein von dieser Seite bestehenden Möglichkeiten. Nach den leider nur für das Jahr 1931 als letzten erfaßten Zeitraum getroffenen Feststellungen betrug die Kapitalneuanlage der privaten Gesellschaften in diesem Jahre 366 Millionen, die in weit überwiegendem Teil in Hypotheken, Grundschulden und Effekten angelegt wurden. Bei den öffentlichen Lebensversicherungsanstalten betrug die Kapitalneuanlage im gleichen Zeitraum 81 Millionen, die im ähnlichen Verhältnis angelegt waren.

Wenn auch inzwischen eine wesentliche Verringerung des für Anlagen zur Verfügung stehenden Kapitals durch Rückgang der

Versicherungen, Darlehen auf Policen usw. eingetreten sein wird, so dürften doch immer noch beträchtliche Mittel für den hier angestrebten Aufbau der Nebenerwerbs-Siedlung freizumachen sein. Durch den mit der Darlehensgewährung verbundenen Neuabschluß von entsprechenden Lebensversicherungen würden umgekehrt wieder den Gesellschaften erhebliche Mittel an Prämien zufließen und sich so ihr Kapital wiederum vermehren. Die sozial- und nationalpolitische Tat würde also auch noch von einem unmittelbaren wirtschaftlichen Erfolg begleitet sein.

Wo das Verständnis für die Forderungen unserer Zeit noch fehlt, sollte der Staat für die erforderliche „Aufklärung" sorgen und damit derart volkswirtschaftlich wichtige Vorhaben fördern. Die Nachteile, die aus theoretischer und praktischer Erkenntnis bei den verschiedenen Arten der Siedlung festgestellt worden sind, dürften bei der hier behandelten nebenberuflichen Erwerbstätigen-Siedlung auf ein Mindestmaß beschränkt sein.

Die Auswirkungen auf dem Baumarkt bei einer großzügigen Durchführung dieses Programms sind nicht abzusehen. Der Einsatz von Arbeitsdienstwilligen bei diesem Vorhaben würde weiter einen bedeutsamen Schritt vorwärts im Kampf gegen die Arbeitslosigkeit und in der Ertüchtigung unserer Jugend darstellen.

3. Die Durchführung des Siedlungsbaues.

Von Regierungsbaumeister a. D. **Paul Schaeffer-Heyrothsberge**,
Architekt B.D.A., Magdeburg.

a) Bauplanung.

Einleitende Gedanken. Es ist beim Siedeln nicht anders als bei jedem Versuch, menschliche Wünsche zu verwirklichen: man kann entweder von dem ausgehen, was man glaubt, notwendig zu brauchen, oder von dem, was man bezahlen kann. So selbstverständlich dieser Satz erscheint, so wenig ist er bisher beim Bauen und Siedeln beachtet worden. Überzeugt davon, daß technische Vollkommenheit, sogenannter Komfort und sogenannte Wohnkultur, das Glück des Menschen ausmache, hat man Wohnungen über Wohnungen erstellt, deren Mieten heute größtenteils für diejenigen Kreise nicht tragbar sind, die sie bezahlen sollen, und deren Finanzierungsgrundlage damit erschüttert ist. Hier gilt es Wandel zu schaffen. Will der Architekt nicht zum gefährlichsten Widersacher des Gedankens der Eigenheimsiedlung werden, so muß er den Mut haben, den Vorwurf auf sich zu nehmen, der von ihm neu gestaltete Bautyp bedeute einen Kulturrückschritt. Er muß nicht von dem Idealbild ausgehen, das ihm für die Wohnform einer mehrköpfigen Familie vorschwebt, sondern von dem Wirklichkeitsbild derjenigen Wohnform, die eben diese Familie bezahlen kann.

Auf S. 71 dieser Denkschrift ist überzeugend dargelegt, daß bei einer Finanzierung der Siedlung aus Privatkapital mit Rücksicht auf eine tragbare Höhe der laufenden Belastung des Siedlers durch Zinsen- und Tilgungsdienst für das Baudarlehen und durch die laufenden Kosten der Siedlerstelle die Baukosten eines bezugsfertigen Siedlerhauses nicht höher sein dürfen als 2600 RM. Niemals darf daher der Architekt die Frage aus dem Auge verlieren: Was kann mit einem Baukapital von rund 2600 RM geschaffen werden und wie kann die Planung so erfolgen, daß der Siedler sich später mit ihm etwa zur Verfügung stehenden weiteren Eigenkapital zusätzlich diejenigen Bequemlichkeiten schaffen, die er haben soll, wenn seine wirtschaftliche Lage ihm dies gestattet. Die so fest umrissene Programmstellung drängt gebieterisch einmal auf knappste Raumbemessung und wirtschaftlichste Grundrißeinteilung, ein anderes Mal auf eine Vereinfachung der Baukonstruktion, damit diese ein denkbar großes Maß von Selbsthilfe erlaubt. Sie beschränkt die Zahl der Räume auf die Grundform der Familienwohnung (Wohnküche, Stube, Kammer), sie gestattet äußerstenfalls die Schaffung eines beschränkten Vorraumes, einer Wasch- und Futterküche und eines Stallraumes, sie fordert den Verzicht auf Anschluß an Gas, Wasser und Kanalisation, Bad und Wasserklosett, sie erfordert notwendigerweise die Schaffung eines unausgebauten Raumes, der bei Vergrößerung des Familienstandes und beim Vorhandensein zusätzlicher Mittel ausgebaut werden kann und so eine Erweiterung des Wohnraums gestattet, ohne daß Anbauten oder gar Aufstockungen notwendig werden. Bei der Bemessung der Größen aller Räume muß immer wieder davon ausgegangen werden, daß trotz Berücksichtigung der gegenwärtigen außerordentlich gedrückten Preisgestaltung, trotz weitgehendster Einschaltung

der Mithilfe des Siedlers beim Bauen und trotz sparsamster Ausstattung mit einer Mindestzahl für die Herstellung des Kubikmeter
umbauten Raumes gerechnet werden muß.

Bei der Durcharbeitung der Pläne bezüglich der äußeren Gestaltung, der konstruktiven Durchbildung und der Ausstattung darf der

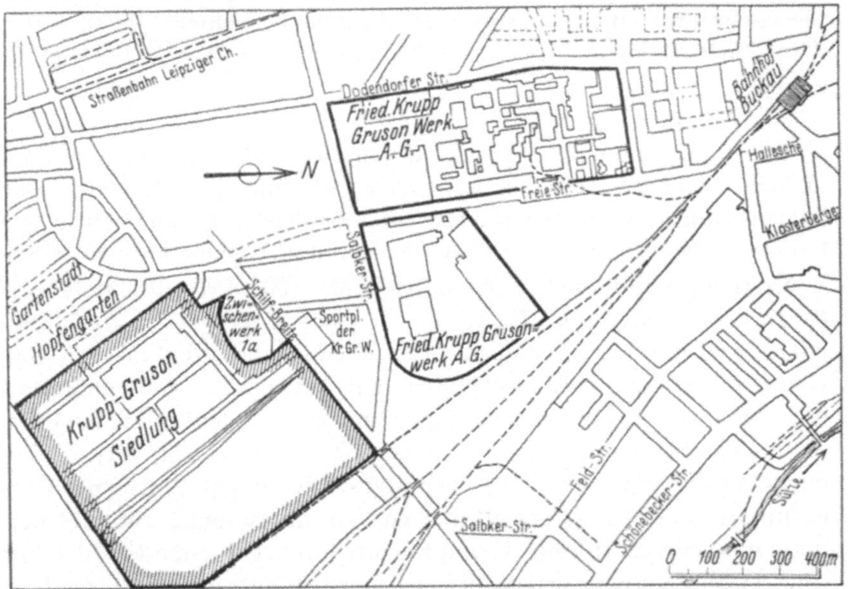

Abb. 13. Lage der Siedlung zur Fried. Krupp Grusonwerk Aktiengesellschaft, Magdeburg-Buckau.

Architekt daher nie außer acht lassen, daß eben diese Mindestzahl
für den Kubikmeter nur dann eingehalten werden kann, wenn mit
dem Pfennig gerechnet wird und wenn bei der Entscheidung jeder
Einzelheit nicht allein die Frage des Bedürfnisses, sondern die Frage
der Möglichkeit, das Bedürfnis zu bezahlen, beachtet wird. Aus
diesem Gesichtspunkt heraus muß die Planbearbeitung der Krupp-
Gruson-Siedlung betrachtet werden.

Lageplan. Das Gelände liegt am Südrand der Stadt in unmittelbarer Nachbarschaft des Werkes. Es ist etwa 250 Morgen groß. An
der westlichen Grenze schiebt sich etwa in der Mitte das von Bäumen
bestandene Zwischenwerk Ia ein, ein Teil der alten Befestigung

Magdeburgs, in das Gelände hinein. Südlich dieses Zwischenwerks grenzt die Gartenstadt Hopfengarten an. Zunächst soll der Teil am Zwischenwerk besiedelt werden. Der Gesamtplan sieht etwa 500 Siedlerstellen vor, deren Größe nach sorgfältigen Erwägungen und unter Berücksichtigung, daß es sich um besten Bördeboden handelt, mit

Abb. 14. Krupp-Gruson-Siedlung. Blick in die Gärten des Bauabschnittes I. Im Hintergrund das Krupp-Grusonwerk. Aufnahme: R. Hatzold, Magdeburg.

etwa 1000 qm angenommen wurde. Maßgeblich bei der Größenbemessung war der Gedanke, daß diese Quadratmeterzahl auch dann noch für die Befriedigung des Eigenbedarfs des Siedlers an Gemüse und Obst ausreicht, wenn die angepflanzten Obstbäume einmal so groß geworden sind, daß die Unter- und Zwischenkulturen nur noch bescheidenen Ertrag abwerfen. Für diejenigen Siedler, die Schweine halten wollen, besteht die Möglichkeit, in der Nähe ihre Kartoffeln auf Zupachtland zu bauen. Auf den Nachweis, mit welchem Ertrag bei einer Grundstücksgröße von 1000 qm zu rechnen ist, wird verzichtet, da die einschlägige Literatur hierüber ausführlichstes Material liefert. Nicht unerwähnt soll bleiben, daß eine größere Bemessung des Grundstücks, die häufig vorgeschlagen wird, die anteiligen Kosten für Straßenbau und Einfriedigung so ungünstig beeinflußt, daß bei größerem Landbedarf des Siedlers immer wieder der Ausweg des Zupachtlandes die wirtschaftlich richtigste Lösung bleibt. Geht man unter eine Größe von 900—1000 qm, so wird die Siedlerstelle, wenn die Obstbäume einmal groß sind, zu klein.

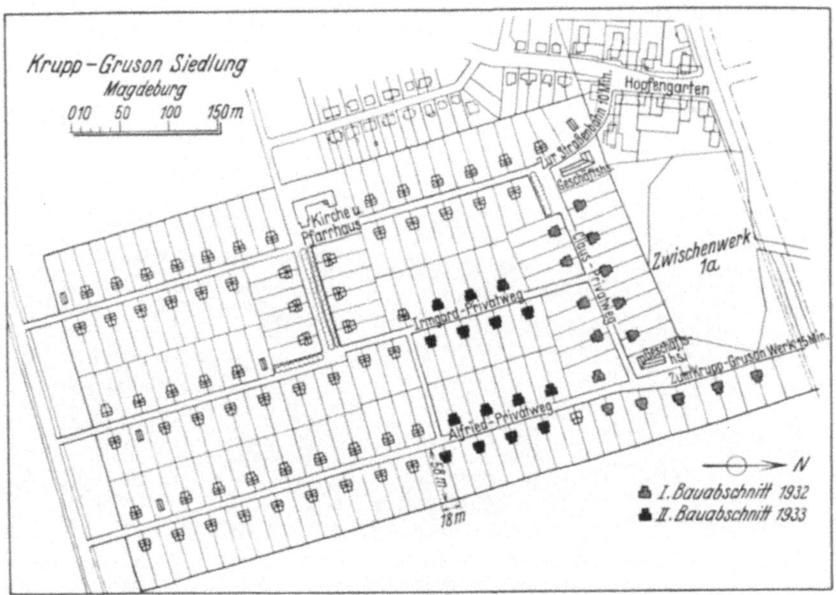

Abb. 15. Lageplan der Krupp-Gruson-Siedlung.

Die Straßen sind 7 m breit angelegt. Ausweichplätze und Drehplätze für Fuhrwerk sind ausreichend vorgesehen. Sie ermöglichen in städtebaulicher Beziehung die Unterbrechung und Versetzung allzulanger Straßenzüge. In der Mitte der Siedlung ist die Straße dorfangermäßig verbreitert. Ein Baugelände für den Bau einer Kirche mit Gemeindesaal und Pfarrhaus, sowie für einige Ladengebäude bleibt einstweilen von der Besiedlung ausgeschlossen. Die geplanten Baukörper sind in dem beigefügten Siedlungsplan eingetragen. Die Häuser sind gegeneinander versetzt, damit möglichst der eine Siedler dem anderen nicht in die Fenster hineinsieht.

Bautyp: Normaltypen: Im einzelnen wurde bezüglich der Haustypen auf folgendes besonderer Wert gelegt:

Grundsätzlich wurden Doppelhäuser angeordnet. Sie haben dem Einzelhaus gegenüber den Vorzug größerer Wirtschaftlichkeit, insbesondere bezüglich der Wärmehaltung. Von Reihenhäusern wurde abgesehen, da ihre Anordnung die unmittelbare Verbindung zwischen

Abb. 16. Krupp-Gruson-Siedlung, Bauabschnitt I. Am Alfried-Privatweg.
Aufnahme: R. Hatzold, Magdeburg.

Haus und Garten nur bei kleinen und damit für die vorstädtische Kleinsiedlung ungeeigneten Grundstücksgrößen gestattet. Die Wohnküche ist nach dem Wirtschaftshof zu angeordnet, damit die Siedlerfrau stets die etwa auf dem kleinen Hof oder im Garten spielenden Kinder sowie das Kleinvieh und den Garten selbst unter Augen hat und bei der Arbeit in der Küche, die sich im Sommer bei geöffnetem Fenster vollzieht, nicht von der Straße her ständig beobachtet ist. Stube und Kammer sind so bemessen, daß in der Stube entweder die Betten der Eheleute mit Schrank und Waschtisch oder aber auch die übliche gute Stube Aufstellung finden kann. Bei der Kammer wurde besonderer Wert darauf gelegt, daß ihre Länge die Aufstellung zweier Betten hintereinander an der Wand ermöglicht, so daß jedes Bett in der vollen Länge freisteht, was besonders in Krankheitsfällen wichtig ist. Die Konstruktion der Decke über dem Erdgeschoß und die des Dachstuhles ist so gewählt, daß die Trennwände zwischen Küche, Stube und Kammer beliebig angeordnet werden können. Jeder Siedler ist somit in der Lage, das Erdgeschoß unter Berücksichtigung seiner vorhandenen Möbel und seiner besonderen Wünsche beliebig aufzuteilen. Bei dem Bau der ersten 30 Häuser hat sich denn auch gezeigt, daß je nach dem Familienstand und je nach den besonderen Neigungen der Siedler die verschiedensten Lösungen gewählt worden sind. Während bei den ersten 30 Häusern der Zugang zur Küche durch die Waschküche geplant war, hat man diesen Gedanken im

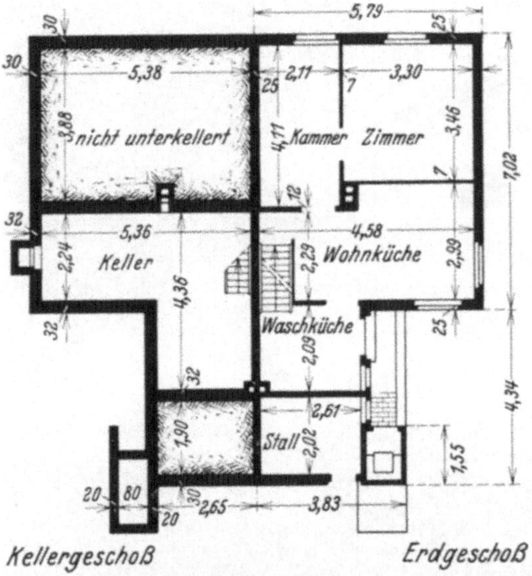

Abb. 17. Krupp-Gruson-Siedlung. Haustyp des I. Bauabschnittes.

II. Bauabschnitt fallen lassen und hat einen besonderen Flur angeordnet. Maßgeblich hierfür war die Erfahrung des I. Bauabschnittes, in dem die Siedler ausnahmslos ihren Waschkessel in den Stall rückten und einen Stallanbau an den Giebel des Stallgebäudes ansetzten, um den als Waschküche vorgesehenen Raum als Vorraum verfügbar zu erhalten. Im Dachgeschoß können, je nach Familienstand des Siedlers, ein oder zwei Kammern ausgebaut werden. Bei dem Ausbau von zwei Kammern kann, allerdings unter der Voraussetzung, daß der Siedler aus Eigenmitteln die Kosten trägt, durch Anordnung einer Dachgaube der Nutzraum der 2. Kammer vergrößert werden.

Abb. 18. Krupp-Gruson-Siedlung. Hauseingang (links Fenster der Wohnküche). Bauabschnitt I. Aufnahme: R. Hatzold, Magdeburg.

Typenabweichungen. In der Grundrißbildung und Größenbemessung wurden die Sonderwünsche der Siedler, insbesondere im Bauabschnitt II, weitgehend berücksichtigt.

Abb. 19. Krupp-Gruson-Siedlung. Haus im Bauabschnitt I mit angebautem Stall.
Aufnahme: R. Hatzold, Magdeburg.

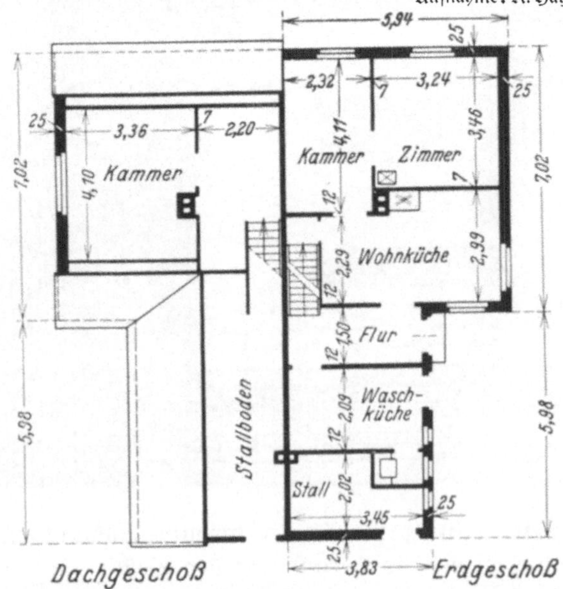

Abb. 20. Krupp-Gruson-Siedlung. Haustyp des II. Bauabschnittes.

Einige Siedler haben beispielsweise die Wand zwischen Stube und Kammer ganz fortgelassen und sich somit einen großen Raum im Erdgeschoß außer der Wohnküche geschaffen. Auf besonderen

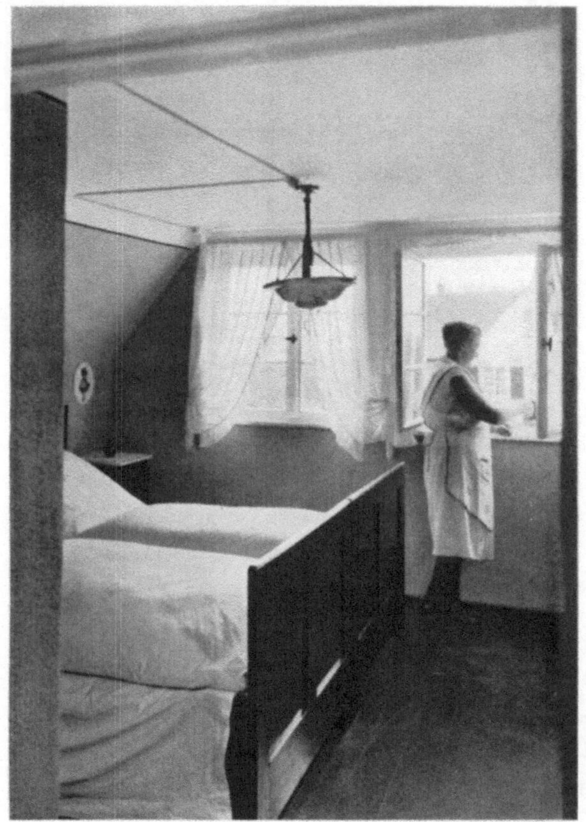

Abb. 21. Krupp-Gruson-Siedlung. Elternschlafzimmer im Dachgeschoß.
Aufnahme: R. Hatzold, Magdeburg.

Wunsch wurde ein Teil der Häuser ganz unterkellert, die Waschküche im Keller angeordnet und damit der als Waschküche im Erdgeschoß vorgesehene Raum als Kochküche verfügbar. Schließlich wurde für 5 Siedler ein um einen Meter verlängerter Haustyp geschaffen, dessen nutzbare Wohnung dadurch um 10,4 qm größer wird und der die Anordnung eines geräumigen Treppenflurs gestattet.

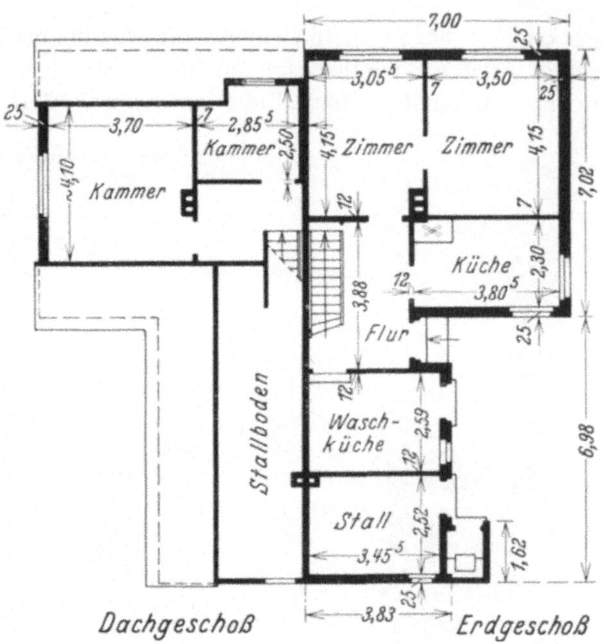

Abb. 22. Krupp-Gruson-Siedlung. Vergrößerter Haustyp des II. Bauabschnittes

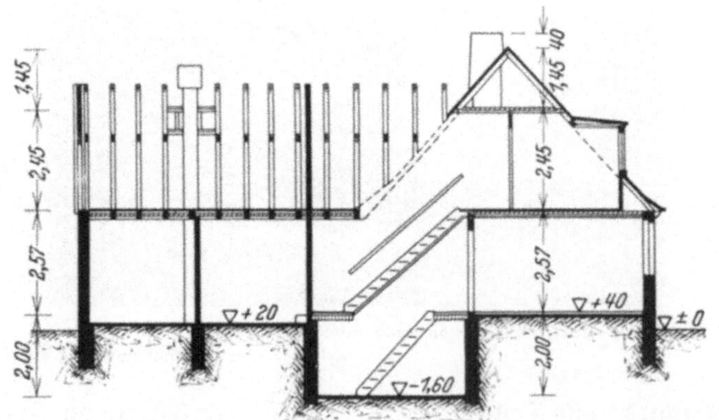

Abb. 23. Krupp-Gruson-Siedlung. Querschnitt durch das Haus.

b) Technische Einzelheiten.

Maurer- und Zimmererarbeiten. Da reine Betonkeller immer wieder Anlaß zur Klage geben, selbst dann, wenn sie an den Außenseiten einen gründlichen Jsolieranstrich erhalten haben, sind die Keller in der Form ausgeführt, daß nach erfolgter Schachtung (der Erdboden ließ sich vorzüglich senkrecht abstechen) in einem Abstand von 22 cm von der Ausschachtung 12 cm starke Wände aus porösen Langlochsteinen gezogen wurden, und daß alsdann der Raum zwischen Schachtung und Lochsteinwand mit Beton verfüllt wurde. Auf diese Art und Weise kann ohne jede Schalung ausgekommen werden, und man erhält trockene und warme Keller. Sorgfältige Berechnungen haben ergeben, daß die Mehrkosten unbedeutend sind, zumal Kies auf der Baustelle nicht gefunden wurde, sondern angefahren werden mußte, die Lochsteine jedoch sehr günstig angeboten wurden. Für das aufgehende Mauerwerk wurden 25 cm starke Hohlblockziegel gewählt, die sich gut bewährt haben. Ihre Verarbeitung bietet gegenüber der Verwendung von 38 cm starkem Mauerwerk aus Normalsteinen oder einer 30 cm starken Wand mit Luftschicht erhebliche Ersparnismöglichkeiten, sowohl bezüglich des Materials als auch bezüglich der Arbeitszeit. Verwendet wurden Aristossteine. Sie haben dem Frewenstein gegenüber den Vorzug, daß sie doppelt so hoch sind wie ein Normalstein, so daß sie sich gut mit Normalziegeln zusammen vermauern lassen, was gelegentlich beim Mauern von Anschlägen und dergleichen von Vorteil sein kann. Auch mit dem National-Ludowici-Stein wurden bei einem Hause Versuche angestellt, die befriedigende Ergebnisse zeigten. Allerdings klagen die Maurer darüber, daß das Anheben der Steine an der Nase unbequemer sei und mehr ermüde, als die Verwendung einer Griffklammer, mit der der Aristos- und Frewenstein versetzt wird.

Der Sockel wurde mit Verblendziegeln verblendet, da der Betonsockel die Gefahr des Anziehens der Nässe und deren Übertragung auf den Putz bei Unachtsamkeit in der Isolierung hat und sehr sorgfältig ausgeführt werden muß, wenn er nicht unansehnlich wirken soll.

Für die Innenwände wurden 12 cm starke Aristossteine verwendet, die sich besser vermauern als die gewöhnlichen Langlochsteine und im Vergleich zum Ludowiciziegel beim Transport weniger leicht beschädigt werden.

Bei der Beschaffung des Holzes wurde die Frage geprüft, ob die Beschaffung über die staatliche Forstverwaltung eine Aussicht auf wesentliche Verbilligung brächte. Das ist nach unseren Erfahrungen nicht der Fall. Maßgebend für die Preisbildung ist nicht so sehr der Preis für das Rohmaterial, als der Preisanteil, der auf den Transport und die Bearbeitung entfällt. Es kommt hinzu, daß in den seltensten Fällen die Holzbestellung so rechtzeitig erfolgen kann, daß der Einschlag zur geeigneten Zeit vorgenommen werden kann.

Die Decken sind in einfachster Form als Balkendecken mit Einschub und Lehmaufstrich, unterseits geschalt, gerohrt und geputzt ausgebildet. Von dem Gedanken, die Balken sichtbar stehen zu lassen — etwa ähnlich, wie dies in Belgien vielfach der Fall ist — wurde abgesehen, um in der Ausstattung der Zimmer von der üblichen, dem Siedler für Wohnräume vertrauten Ausstattung (glattgeputzte Decke) nicht abzugehen, zumal die damit zu erzielenden Ersparnismöglichkeiten gering sind.

Beim Dachausbau wurden zur besseren Wärmedämmung Torfotektplatten als Bekleidung der Schrägen und als Unterkleidung der Kehlbalkenlage verwendet. Wichtig ist die sorgfältige Nesselung der Stöße, da es sonst unbedingt Risse gibt.

Dach. Der Dachverband ist ein einfacher Dreiecksverband, der sich auch von ungelernten Siedlern bei geeigneter Anleitung leicht richten läßt. Den Längsverband übernehmen Windlatten (Windrispen).

Das Dach wurde mit Siedlerfalzziegeln des Louisenwerks, Tonindustrie A. G., Voigtstedt i. Thür., eingedeckt. Diesem Material wurde, obwohl aus ästhetischen Gründen Biberschwänze oder Pfannen den Falzziegeln vorzuziehen wären, der Vorzug gegeben, da es sich vorzüglich durch die Siedler selbst eindecken läßt. Auf Dachrinnen zu verzichten, erscheint bedenklich. Der Siedler benötigt da, wo die Wasserleitung fehlt, das Regenwasser dringend und die Haltbarkeit des Putzes, sowie des ganzen Hauses, wird durch das Vorhandensein der Rinnen und Abfallrohre wesentlich erhöht.

Fenster und Türen. Bezüglich der Fenster entschied man sich für die ortsübliche Konstruktion, Blendrahmen im Anschlag, von innen eingesetzt. Diese schützt am besten das Holz des feststehenden Fensterrahmens vor den zerstörenden Einflüssen der Witterung und erlaubt, mit dem Einsetzen zu warten, bis der Bau einigermaßen ausgetrocknet ist. Das Mauern der Anschläge bietet keine Schwierigkeiten, wenn Hohlblockziegel, die im Format zum Normalstein passen, oder besondere

Formsteine verwendet werden. Fensterklappläden sind wesentlich; sie gewähren dem Siedler nicht nur Einbruchsschutz, sondern der Siedlerfrau, wenn sie allein im Haus ist, nachts ein Gefühl der Geborgenheit. Dazu sind sie für den Winter wie für den Sommer ein wichtiges Dämmungsmittel für Sonnenhitze und scharfe, kalte Winde.

Als Türen werden fabrikmäßig hergestellte gestemmte Türen verwendet und mit Futter und Bekleidung eingesetzt. Die Vorzüge dieser altbewährten Konstruktion liegen in der Ausrichtemöglichkeit der Futter bei unsauberer und ungenauer Arbeit des Maurers und der guten Deckung des Anschlusses von Putz auf Holz durch die Bekleidung. Wichtig ist, die Breite der Bekleidung so zu wählen, daß der Dübel, an dem die Futter befestigt sind, auch wirklich voll überdeckt wird.

Zäune. Als Abgrenzung gegen die Straße wurden Lattenzäune aus Kiefernholz verwendet. Lediglich die Pfosten wurden aus Eichenholz hergestellt, um einem Verwittern des Holzes in der Erde zu begegnen. Die Einzäunung des Gesamtgeländes wurde mit Drahtzaun, unter Verwendung von Siederohr in Betonsockeln als Pfosten, in 2 m Höhe ausgeführt. Eine Abtrennung der Siedlergrundstücke gegeneinander wurde nur in 1 m Höhe vorgenommen. Die Einzäunung des Gesamtgeländes mußte vorgenommen werden, um die Siedler gegen Diebstahl und Wildschaden zu schützen.

Anstrich. Sämtliche Häuser erhielten einen Kalkfarbenanstrich in verschiedenartigen lichten Tönen. Dabei wurde Wert darauf gelegt, daß gegensätzliche Farbtöne nicht nebeneinander stehen, sondern daß die Skala der warmen und kalten Töne auf- und abklingt, d. h. daß ein blaugrau neben einem grüngrau und einem silbergrau steht, während auf der anderen Seite ein lichtes ockergelb neben einem leicht bräunlichen und einem leicht rötlichen Ton zu stehen kommt. So wird der Eindruck farbig, ohne bunt zu werden, es ist möglich, den Wünschen und dem Geschmack des einzelnen Siedlers Rechnung zu tragen und der Eindruck der Uniformierung und der Eintönigkeit wird gemildert.

Für den Anstrich der Gartenzäune wurde dunkelrotes Xylamon, ein Fabrikat der Consolidierten Alkaliwerke, Westeregeln, verwendet, das überall da besonders zu empfehlen ist, wo man nicht mit Sicherheit damit rechnen kann, daß es sich um ausgetrocknetes, im Winter geschlagenes Holz handelt. Einem späteren Anstrich mit Ölfarbe steht nichts im Wege. Alle übrigen Holzteile, wie Gesimse, Spalierlatten, Fensterläden, Stalltüren, Fenster, Haustür, Innentüren, Treppe und Fußböden erhielten Ölfarbenanstrich. Bei dem Anstrich der Wände im Innern ließ man die Siedler weitestgehend gewähren und nahm

Abb. 24. Krupp-Gruson-Siedlung. Wohnküche (rechts Herdofen mit Grude). Bauabschnitt I.
Aufnahme: R. Hatzold, Magdeburg.

lieber Geschmacksverirrungen einzelner in Kauf, als daß man den Siedler in dem Gefühl beschränkt hätte, im Hause selbst als künftiger Eigentümer bestimmen zu dürfen.

Heizung. Als hauptsächliche Wärmequelle kam in der Wohnküche ein Herdofen zur Aufstellung, der eine Kochröhre sowie die in Magdeburg ortsübliche Grude enthält. Die Feuerung der Kochröhre ist durch luftdichte Oberhalkentüren abgeschlossen, so daß ein vollständiger Abschluß wie bei einem Grundofen ermöglicht wird. Die Heizgase gehen zuerst um die Kochröhre, die gleichzeitig als Bratofen dient, erst dann um die Grude und erwärmen dieselbe derartig, daß sie durch das Einschieben eines Bleches auch als Backofen benutzt werden kann. Sämtliche Kachelwände werden von den Heizgasen bestrichen.

Der Herdofen ist so konstruiert, daß mit geringstem Brennmaterial ein außerordentlich großer Heizeffekt erzielt wird, der zur Ausheizung der Küche vollständig ausreicht. In der Übergangszeit genügt diese Wärmequelle vollauf für das ganze Erdgeschoß. Lediglich für besonders kalte Tage wird im Erdgeschoß und im Dachgeschoß je ein transportabler Ofen benötigt. Der Ofen kann auch zwischen zwei Wände gebaut werden mit angebautem Zimmerofen, so daß er dann gleichzeitig Kochstelle und Heizung für zwei Zimmer ist.

Elektrische Beleuchtung. Die Zahl der Brennstellen wurde knapp bemessen. Die Schalter wurden so angeordnet, daß sie die Kinder nicht zum Spielen anreizen. Die Benutzung von Elektrizität zum Kochen verbietet einstweilen noch der Tarif.

Wasserversorgung. Die Versorgung der Siedlung mit Trink- und Gebrauchswasser geschieht durch Brunnen. Da die Bodenverhältnisse die Anlage von Bohrbrunnen nicht gestatten, so sind für je 10 Wohnungen je ein Ringbrunnen, an der Straße verteilt, niedergebracht worden. Es dürfte jedoch damit zu rechnen sein, daß mit der Zeit der eine oder andere Siedler sich auf seinem eigenen Grundstück gemeinschaftlich mit seinem Nachbar einen eigenen Brunnen anlegen wird.

Gartengestaltung. Die Bepflanzung der Gärten mit Obstbäumen, 6 Halbstämmen, 47 Beersträuchern, einigen Blütensträuchern und 2 Laubbäumen an der Straße wurde einheitlich durchgeführt. Unbedingt notwendig ist, daß Bäume und Sträucher, die die Siedler aus eigenen Gärten mitbringen, darauf untersucht werden, daß sie frei von Erkrankungen sind, da sonst die Gefahr besteht, daß die Krankheiten auch auf die neuen Kulturen übertragen werden.

Straßenbau. Für die Straßenbefestigung wurde aus Kostengründen ausschließlich im Krupp-Grusonwerk anfallende Schlacke sowie Formsand verwendet. Der Fahrdamm wurde in einer Breite von 4 m, in einer Tiefe von 30 cm ausgehoben, sodann eine Packlage von grober Schlacke eingebracht und eine Abgleichschicht von etwa 10 cm aus einem Gemisch von feiner Schlacke und Formsand aufgebracht. Die Bürgersteige beiderseits des Fahrdamms wurden etwas leichter ausgebaut und mit einer Decke aus lehmigem Kies versehen. In Abständen von 10 m wurden, beiderseits versetzt, etwa 1 qm große und etwa 1,30 m tiefe Sickergruben angeordnet und mit grober Schlacke gefüllt. Die Anbringung von Bordsteinen ist erwünscht, mußte jedoch zunächst aus Kostengründen zurückgestellt werden.

c) Baukosten.

Bezüglich der Baukosten besteht zwischen den Häusern des Bauabschnitts I und denen des Bauabschnitts II ein grundlegender

Baukosten eines halben Hauses.

	I. Bauabschnitt Erwerbslosensiedlung * RM	II. Bauabschnitt Vollarbeitersiedlung ** RM
1. Materialien für Maurerarbeiten	765,—	710,—
2. Arbeitslöhne für Maurerarbeiten.	—	260,—
3. Materialien für Zimmererarbeiten	414,—	422,—
4. Eisenträger	80,—	86,—
5. Dachdeckungsmaterialien	190,—	198,—
6. Materialien für Klempnerarbeiten	22,—	26,—
7. Tischler- und Anschlägerarbeiten	282,—	260,—
8. Materialien für Glaserarbeiten	19,—	19,—
9. Materialien für Malerarbeiten.	50,—	48,—
10. Wohnküchenofen und Waschkessel	160,—	165,—
11. Elektrische Installation des Hauses	92,—	76,—
12. Anteilige Kosten für Brunnen	60,—	62,—
13. Materialien für Einfriedung des Grundstückes .	95,—	100,—
14. Obstbäume und Ziersträucher	45,—	25,—
15. Vermessungsarbeiten	17,—	20,—
16. Anteilige Kosten für den örtlichen Bauführer .	—	50,—
17. Beiträge und anteilige Kosten für den Freiwilligen Arbeitsdienst	—	40,—
18. Kleinmaterial	34,—	33,—
19. Kleinvieh, Saatgut, Arbeitsgeräte und dergl., Zimmeröfen	175,—	—
	2500,—	2600,— ***

* Die Kosten des Ausbaues des Dachgeschosses sind in den Baukosten enthalten.

** Die Kosten des Ausbaues des Dachgeschosses sind in den Baukosten **nicht** enthalten.

*** Wird das Dachgeschoß ausgebaut, so entstehen an Mehrkosten 150 RM. Wird das Haus ganz unterkellert, so entstehen an Mehrkosten 140 RM.

Unterschied. Während im Bauabschnitt I die Maurerarbeiten im Wege der Eigenhilfe ausgeführt wurden, war dies bei der Vollarbeiter-Siedlung des Bauabschnitts II nicht möglich. Hier mußten vielmehr 260 RM für Maurerlohn aufgewendet werden. Da für den Bauabschnitt II nur 100 RM mehr für das Haus zur Verfügung standen, konnte der Ausbau des Dachgeschosses im Rahmen dieser Summe nicht berücksichtigt werden. Außerdem konnte ein Betrag für Inventarbeschaffung, der den Siedlern des Bauabschnitts I zur Verfügung gestellt werden konnte, den Siedlern des Bauabschnitts II nicht bereitgehalten werden. Schließlich muß noch beachtet werden, daß der örtliche Bauführer für den Bauabschnitt I vom Krupp-Grusonwerk unentgeltlich gestellt wurde, während im Bauabschnitt II die Siedler mit den dadurch entstehenden Kosten anteilig belastet wurden. Die vorstehenden Übersichten (S. 92) gestatten daher einen Vergleich nur unter Berücksichtigung des oben Gesagten.

4. Organisation der Baustelle.

Regierungsbaumeister a. D. **Paul Schaeffer-Heyrothsberge**,
Architekt B.D.A., Magdeburg.

a) Arbeitsorganisation.

Der Arbeitsvorgang wurde ebenso wie die Planung von der Richtlinie bestimmt, mit dem vorhandenen Baukapital auszukommen und das zusätzliche Eigenkapital des Siedlers bestmöglichst zu schonen. Die beiden wichtigsten Hilfskräfte, Ersparnisse zu erzielen, waren: die Selbsthilfe des Siedlers und der Freiwillige Arbeitsdienst.

Selbsthilfe der Siedler. Die Selbsthilfe des Siedlers war naturgemäß bei den ersten 30 Häusern der Siedlung, die von Erwerbslosen gebaut wurden, wesentlich höher zu bewerten als bei den weiteren 30 Bauten, über die hier besonders berichtet wird und die von vollarbeitenden Werksangehörigen der Fried. Krupp Grusonwerk A. G. errichtet wurden. Im letztgenannten Falle kamen die Siedler selbst mit Ausnahme der Sonnabende und Sonntage erst nachmittags um $^1/_2 5$ Uhr auf die Baustelle und arbeiteten bis zum Dunkelwerden, während bei den ersten 30 Häusern die Selbsthilfe der Siedler von morgens bis abends zur Verfügung stand. Daher war es bei der Vollarbeiter-Siedlung nicht möglich, auch die Maurerarbeiten im Wege der Selbsthilfe auszuführen, wie dies bei der Erwerbslosen-Siedlung im Jahre 1932 der Fall war, wo sich überdies fünf gelernte Maurer unter den Siedlern befanden, eine Tatsache, mit der bei künftigen Bauabschnitten nicht gerechnet werden kann, da das Krupp-Grusonwerk als Maschinenfabrik nur eine begrenzte Zahl von Bauhandwerkern beschäftigt. So bleiben für die Selbsthilfe außer Transport-, Erd-, Straßenbau- und Handlangerarbeiten als Facharbeit in erster Linie die Zimmererarbeiten, die durch eine Arbeitsgruppe von Siedlern ausgeführt wurden, in der sich neben gelernten Zimmerleuten und Modelltischlern eine Reihe von Schlossern rasch in die ihnen fremden Aufgaben einarbeiteten und damit erneut bewiesen, wie anpassungs- und lernbereit der deutsche Arbeiter ist. Ähnlich gute Erfahrungen wurden bei der Hilfeleistung für Maurer (Kalkanmachen, Betonieren u. dgl.) gemacht, desgleichen bei den Dachdeckerarbeiten (Einhängen der Falzziegeldächer), sowie bei den Klempner-, Anstreicher- und Glaserarbeiten. Wichtig ist es stets, kleine Arbeitertrupps zu bilden, die im Wettbewerb miteinander sowohl bezüglich der Schnelligkeit als der Güte der Arbeit stehen. Fachmännischer Rat und Hilfe bietet sich überdies stets durch Verwandte und Freunde. Die Ausführung reiner Facharbeiten, wie insbesondere Tischlerarbeiten, Brunnenbau und elektrische Installation bleibt naturgemäß dem Handwerk vorbehalten.

Einschaltung des Freiwilligen Arbeitsdienstes. Als zweiter wichtiger Faktor ist der freiwillige Arbeitsdienst zu nennen, der sowohl bei der Erwerbslosen-Siedlung wie bei der Vollarbeiter-Siedlung eingesetzt wurde, und zwar in der Zahl, daß etwa auf jeden Siedler ein Helfer des Freiwilligen Arbeitsdienstes kommt. Während bei der Erwerbslosen-Siedlung sich im Freiwilligen Arbeitsdienst eine Reihe von Jungarbeitern aus den verschiedensten Gewerken befanden und diese allein im Interesse ihrer beruflichen Weiterbildung in ihrem Fach angesetzt wurden, rekrutierte er sich bei der Vollarbeiter-Siedlung im wesentlichen aus ungelernten Arbeitern, so daß er hauptsächlich für Materialtransporte und Straßenbau eingesetzt werden mußte. Auf diesem Gebiete leistete er wertvolle Arbeit, ohne die die Siedlung im Rahmen des zur Verfügung stehenden Baukapitals und innerhalb der für den Bau zur Verfügung stehenden Sommermonate nicht hätte durchgeführt werden können. So bleibt der Einsatz des Freiwilligen Arbeitsdienstes eine Voraussetzung für die Durchführung derartiger Siedlungsvorhaben.

Verteilung der Gemeinschaftsarbeiten der Siedler. Besondere Aufmerksamkeit erfordert die gerechte Verteilung der Gemeinschaftsarbeit, die jeder Siedler vertragsgemäß zu leisten hat. Sie bedeutet bei der Erwerbslosen-Siedlung keine besondere Schwierigkeit, während ihr bei der Vollarbeiter-Siedlung erhöhte Beachtung geschenkt werden muß, da die Siedler häufig zu verschiedenen Tageszeiten auf der Baustelle arbeiten und daher leicht Mißtrauen und Streit entsteht, ob und in welchem Umfange jeder seiner Verpflichtung, Gemeinschaftsarbeit zu leisten, nachkommt. An und für sich würde es für den Bauleiter besonders im Hinblick auf diese Frage eine wesentliche Erleichterung bedeuten, wenn die Grundstücke erst n a c h Fertigstellung sämtlicher Häuser unter die Siedler verteilt würden. Für den Siedler besteht dann nicht die Verlockung, während der Gemeinschafts-Arbeitsstunden heimlich an seinem eigenen Hause zu arbeiten. Auf der anderen Seite entfällt mit der späten Verteilung die Möglichkeit, daß der Siedler bzw. seine Familienangehörigen den Garten bereits während der Bauzeit herrichten, es entfällt der Anreiz, außerhalb der Pflichtarbeitsstunden gemeinsam mit freiwilligen Helfern an dem dem Siedler bereits zugesprochenen Hause zusätzlich zu arbeiten. Schließlich entfällt die Möglichkeit, in der Grundrißbildung und Größenbemessung der Häuser besondere Wünsche der Siedler zu berücksichtigen, was dann in Frage kommt, wenn einzelnen Siedlern mehr Eigenkapital zur Verfügung steht und diese dann gern etwas größere Häuser haben möchten (vgl. S. 65). Aus diesen Gründen wurden die Grundstücke sowohl im Bauabschnitt I (Erwerbslosen-Siedlung) als auch im Bauabschnitt II (Vollarbeiter-Siedlung) vor Baubeginn verlost. Denjenigen Siedlern, die ihren Wünschen entsprechend ein Haus mit besonderen Abweichungen von den Grundtypen erhielten, wurde außer einem Sonderzuschuß zur Deckung der Mehrkosten die Leistung einer größeren Zahl von Gemeinschaftsarbeitsstunden auferlegt. Dem einzelnen wurde freigestellt, einen Helfer mitzubringen oder einen Vertreter zu stellen, wenn er — etwa durch auswärtige Montagearbeit oder Krankheit — verhindert war, an der Gemeinschaftsarbeit selbst tätig teilzunehmen. Im übrigen wurde jedoch bei jedem Siedler auf strengste Einhaltung und sorgfältigste Verbuchung seiner Gemeinschaftsarbeitsstunden Wert gelegt, da gerade aus diesem Punkte die meisten Streitigkeiten unter den Siedlern erwachsen.

b) Bauleitung.

Es liegt auf der Hand, daß die Organisation der Baustelle und die Anleitung von etwa 60 auf dem Bau beschäftigten, größtenteils nicht dem Baufach angehörigen Arbeitskräften eine außerordentlich verantwortungsvolle und für den Baufortschritt ungemein wichtige Aufgabe ist. Ihre Lösung setzt eine sorgfältige und wohlüberlegte Bearbeitung im Büro, eine enge Zusammenarbeit mit der Einkaufsorganisation des Siedlungsträgers und nicht zum wenigsten eine geeignete Persönlichkeit als örtlichen Bauleiter auf der Baustelle selbst voraus. Wenn bereits die Planbearbeitung und die Vorarbeiten an den Architekten, mag er im freien Beruf stehen oder Leiter der Bauabteilung eines großen Industriewerkes sein, ungewöhnliche Aufgaben organisatorischer Art stellen und von ihm neben dem Verständnis für volkswirtschaftliche und finanztechnische Fragen Kenntnisse juristischer Art verlangen, so muß der Architekt, will er der Aufgabe, die die Baustelle selbst an ihn stellt, gerecht werden, grundlegend umlernen. Seine Aufgabe auf der Baustelle ist nicht wie sonst die Kontrolle der am Bau beschäftigten Unternehmer bezüglich der Einhaltung der vertraglich vereinbarten Leistungen, sie ähnelt vielmehr derjenigen des Unternehmers selbst, wobei erschwerend hinzukommt, daß es der Unternehmer mit gelernten, eingearbeiteten Leuten, der Leiter einer Selbsthilfesiedlung zum großen Teil mit Neulingen im Bauen zu tun hat. Während im übrigen der Unternehmer die Möglichkeit hat, ungeeignete oder nicht arbeitswillige und widerspenstige Leute zu entlassen, kann der Bauleiter einer Selbsthilfesiedlung von dieser Möglichkeit nur in Ausnahmefällen, gleichsam als ultima ratio, Gebrauch machen. Ihm fällt vielmehr die schwere Aufgabe zu, die Arbeitsfreude und den handwerklichen Ehrgeiz der Siedler zu wecken, ihre Geschicklichkeit und Anstelligkeit zu entwickeln und ihnen die Lust an der Arbeit zu erhalten. Schließlich kommt hinzu, daß Reibungen und kleinere Streitigkeiten der

Siedler untereinander unausbleiblich sind, so daß dem bauleitenden Architekten für derartige Fälle das Schlichteramt und die Aufgabe ausgleichender Gerechtigkeit zufällt. Da praktisch von morgens bis abends zum Dunkelwerden gearbeitet wird, ist der Bauleiter weit über den Rahmen der normalen Arbeitszeit in Anspruch genommen und kann sein verantwortungsvolles Amt daher nur dann erfüllen, wenn er stärkste persönliche Anteilnahme an dem Einzelsiedler mit Überblick über die Gesamtaufgabe, technisches und konstruktives Verständnis mit persönlichem Takt und kluger Menschenbehandlung verbindet. Allerdings ist dann die Aufgabe, die ihm obliegt, unendlich dankbar und gewährt beruflich wie menschlich höchste Befriedigung.

Wege der zukünftigen Arbeiter-Siedlungspolitik.

Erfahrungen. Die Siedlungstätigkeit der Firmen Krupp und Siemens erweist, daß die industrielle Nebenerwerbs-Siedlung für Kurzarbeiter und Vollarbeiter mit gutem Erfolge durchführbar ist.

Nach den Erfahrungen ist die Errichtung solider, zweckentsprechender Siedlungsbauten durch die Siedler selbst in Gemeinschaftsarbeit neben ihrer Berufstätigkeit durchaus möglich, und zwar bei richtiger Organisation innerhalb einer Bauperiode. Natürlich mit einem gewissen Zusatz baulich vorgebildeter Fachkräfte.

Zum Siedeln geeignete Leute sind genügend in der Arbeiterschaft vorhanden. Ein großer Teil der zahlreichen Bewerber besitzt Erfahrungen als Kleingärtner, und die Inangriffnahme der Bewirtschaftung der Stellen zeigt schon jetzt, daß die Industriearbeiter-Siedler fähig sind, ertragreiche Landarbeit zu leisten.

Forderungen zur Ausgestaltung der Arbeiter-Siedlungspolitik. Als Anregung für die zukünftige Ausgestaltung der Arbeitersiedlungspolitik stellen wir kurz alle Forderungen, die sich aus unseren praktischen Erfahrungen ergeben, zusammen. Zwei Hauptforderungen stehen im Mittelpunkt:

**Ansiedlung von Erwerbstätigen der Industrie,
der Stammbelegschaft der Werke**
und
Soweit möglich, Umstellung auf Privatfinanzierung.

Siedlung der Stammbelegschaft der Industrie. Die vorstädtische Kleinsiedlung eignet sich nicht für die Ansiedlung von Erwerbslosen, da sie als Nebenerwerbs-Siedlung ein hauptberufliches Einkommen voraussetzt. Sie ist dagegen vorzüglich geeignet für Kurz- und Vollarbeiter. Diese von der Regierung bereits eingeschlagene Richtung verdient stärkste Unterstützung. Und zwar sollten stets die besten, wertvollsten Arbeitskräfte gesiedelt werden. Hierfür ist das Interesse der industriellen Unternehmungen zu gewinnen, da sie sich durch die Siedlung ihren seßhaften Arbeiterstamm erhalten. Und nur diese mit

ihrem Arbeitsplatz eng verbundenen Arbeiter gewährleisten fortlaufend gute Bewirtschaftung der Stellen und Abzahlung der Sied-
lungsdarlehen, weil sie mit festem Verdienst rechnen können.

Heranziehung junger, auch kinderloser Leute. Zur Ver-
meidung einer Überalterung der Siedlung und zur Aufziehung eines
gesunden zahlreichen Nachwuchses im Sinne der Bevölkerungspolitik
sollten insbesondere junge Arbeiter der Siedlung zugeführt werden.
Da ein sehr großer Teil der jungen Arbeiter noch kinderlos ist, wäre
zu wünschen, daß das Reich, soweit es mit eigenen Mitteln Arbeiter-
Nebenerwerbs-Siedlungen errichtet, auch kinderlose junge Ehepaare
zur Siedlung zuläßt, um ihnen die Möglichkeit zum Aufbau einer
Familie zu geben.

Umstellung auf Privatfinanzierung. Bisher ist die Errichtung
vorstädtischer Kleinsiedlungen fast ausschließlich durch billige Reichsdarlehen finanziert worden. Dies bedingt jedoch auf die Dauer eine
sehr hohe Belastung des Sozialetats, der ja eigentlich durch die Siedlung entlastet werden soll. Um diese Entlastung der Staatsfinanzen
wirklich zu erreichen und gleichzeitig die Siedlung in so großem Ausmaß
durchzuführen, daß sie volkswirtschaftlich bedeutend ist, muß versucht
werden, zur Siedlung, soweit irgend möglich, Privatkapital
heranzuziehen. Nicht nur zur Beschaffung von Zusatzkrediten, sondern
als Hauptträger, so daß der Staat sich auf ergänzende Hilfe beschränken könnte.

Bei der augenblicklichen Kapitalknappheit ist natürlich eine sofortige
völlige Umstellung des gesamten Siedlungsbaues auf Privatfinanzierung nicht zu erwarten. Bei einer auf lange Sicht eingestellten
Siedlungspolitik wäre aber, soweit Privatkapital vorhanden ist, eine
Finanzierung in folgender Form anzustreben:

Gelände. Zur Beschaffung des Geländes tragen Staat und Industrie auch weiterhin bei, indem sie geeignete Grundstücke zu niedrigem
Kaufpreis oder mäßigem Erbbauzins zur Verfügung stellen.

Wirtschaftsbeihilfen. Ebenso könnte der Staat nach Fertigstellung der Häuser die Siedler, wenn nötig, durch Wirtschaftsbeihilfen unterstützen, um ihnen den Anlauf zu erleichtern.

Aufbau der Siedlung. Der Aufbau der Siedlung selbst aber
sollte nach Möglichkeit mit Privatkapital finanziert werden, das
hypothekarisch auf der Siedlerstelle eingetragen wird.

Nach den in Teil A, Kapitel 1 „Formen der Finanzierung" ausgeführten grundsätzlichen Berechnungen und dem praktischen Beispiel der Krupp-Gruson-Siedlung ist die Beschaffung des Aufbaukapitals von privater Hand möglich, und die daraus entstehende höhere Belastung des Siedlers, zumindest in vielen Fällen, tragbar.

Gewinnaussicht. Wie früher im einzelnen dargelegt, ist ausreichende Gewinnaussicht für das Kapital vorhanden, der Siedler leistet eine normale Verzinsung.

Sicherheit. Die Sicherheit der Kapitalsanlage ist weitgehend gegeben: Das Risiko verteilt sich auf viele Einzelschuldner — die dingliche Sicherheit ist bei kleinen Grundstücken heutzutage bedeutend höher als bei großen Einzelbauten — die persönliche Sicherheit des Schuldners wird verbürgt durch Auslese der tüchtigsten, betriebswichtigsten Arbeiter.

Staatsgarantie. Die Sicherheit des investierten Kapitals könnte weiter verstärkt werden durch Einsetzen einer Staatsgarantie, durch die der Staat nicht annähernd so stark belastet würde wie durch die bisherige gesamte Geldbeschaffung. Auch eine sonstige öffentlich-rechtliche oder halböffentliche Körperschaft käme für die Übernahme der Garantie in Frage. Wenn die Anlage von Kapital in Siedlungsbauten in dieser Weise gesichert ist, könnten staatliche Aufsichtsstellen (z. B. das Reichsaufsichtsamt für Privatversicherungen) die von ihnen kontrollierten Unternehmungen auf eine bevorzugte Geldhergabe für vorstädtische Kleinsiedlungen hinweisen.

Zugriff auf den Lohn. Außerdem ist beim Industriearbeiter der Zugriff auf den Lohn durch den Arbeitgeber möglich. Eventuell wäre daran zu denken, auch einen Teil des pfändungsfreien Lohnbetrages, insoweit zur Deckung der Siedlungslasten notwendig, freizugeben. Da der Siedler in seiner Stelle einen Nebenerwerb hat, wäre eine entsprechende geringe Herabsetzung der Grenze zu rechtfertigen.

Um die Privatfinanzierung zu erleichtern, wären außerdem alle Mittel zu verwenden, die zur Senkung des erforderlichen Baukapitals beitragen.

Hier könnte der Staat helfend eintreten durch:

Freiwilliger Arbeitsdienst. Weitestgehende Einsetzung des Freiwilligen Arbeitsdienstes. Es gibt kaum ein Gebiet, auf dem der Freiwillige Arbeitsdienst so produktive wirtschaftliche Arbeit leistet wie beim Siedlungsbau. Die Grenzen sollten hier daher so weit wie möglich gezogen und der Arbeitsdienst zur Hilfe bei allen Vorbereitungs- und Bauarbeiten zur Verfügung gestellt werden. Die Anlagekosten werden erheblich gemindert, da die Baukolonnen auch bei kleineren Siedlungen auf die notwendige Zahl gebracht und auch fachlich entsprechend zusammengesetzt werden können. Außerdem wird eine Verkürzung der Bauzeit erreicht. Durch die Hinauslegung des Arbeitsdienstes aus den Großstädten und die Zusammenfassung in großen Lagern bestehen zur Zeit gewisse Schwierigkeiten, den Arbeitsdienst in kleineren Kolonnen zum Siedlungsbau am Rande der Städte zu verwenden. Dadurch darf ihm jedoch dieses wichtige Arbeitsgebiet nicht verschlossen werden. Es muß möglich sein, den Arbeitsdienst auch in kleineren Gruppen den einzelnen Siedlungsunternehmen — auch denen der Großstädte — zuzuführen, zumal ihm die Siedlung fortlaufend Beschäftigung gewährt. Die Dauer der einzelnen Hilfeleistung beträgt zwar nur rund $^3/_4$ Jahre, in der nächsten Bauperiode findet sie jedoch jeweils ihre Fortsetzung. In vielen Fällen wird das gleiche Industrieunternehmen die begonnene Siedlungstätigkeit weiterführen (wie ja schon das Beispiel der Krupp- und Siemens-Siedlungen zeigt), andernfalls ist aber auch die Umleitung auf eine andere Siedlung leicht durchführbar.

Die Gefahr einer Konkurrenz für das Handwerk durch Einsatz des Freiwilligen Arbeitsdienstes besteht nicht. Denn zu einem Teil, insbesondere bei kleinen Siedlungen, dient der Freiwillige Arbeitsdienst lediglich zur Verstärkung der Arbeitskolonnen, ersetzt damit nur die sonst von den Siedlern auszuführenden Hilfsarbeiten. Insoweit Facharbeiten vom Freiwilligen Arbeitsdienst übernommen werden, entgehen dem Handwerk ebenfalls keine Aufträge. Denn die Vergebung solcher Arbeiten an das Handwerk würde die Siedlung so stark verteuern, daß die Belastung vom Siedler nicht aufgebracht und deshalb die Siedlung überhaupt nicht errichtet werden könnte. Das Handwerk kann immer nur zu einem begrenzten Teil der Siedlungsarbeiten herangezogen werden, grundsätzlich erfolgt der Aufbau mit freiwilliger unentgeltlicher Arbeitsleistung (Siedler und Freiwilliger Arbeitsdienst).

Dem Freiwilligen Arbeitsdienst wird überdies durch den Siedlungsbau eine wichtige vielseitige Schulungsmöglichkeit geboten. Erwerbslose Facharbeiter können hier — ähnlich wie es im Notwerk der deutschen

Jugend mit Erfolg geschehen ist — ihre fachlichen Kenntnisse und Fertigkeiten wieder auffrischen, und ungelernte Arbeitsfreiwillige können durch längere Mithilfe zu vielen Tätigkeiten angelernt werden. Die Schulung im Siedlungsbau kommt dem Arbeitsfreiwilligen außerdem zugute, wenn er später selbst — wie dies in gewissem Ausmaß beabsichtigt ist — zur Ansiedlung kommt.

Baupolizeiliche und sonstige Erleichterungen. Es ist zu begrüßen, daß Erleichterungen der behördlichen Vorschriften (Baupolizei, Straßenbau, Kanalisation usw.) bereits für die vorstädtische Kleinsiedlung geschaffen worden sind und auch für privatfinanzierte Siedlungen des gleichen Typs Anwendung finden können. Was hier noch zu wünschen wäre, ist die möglichst entgegenkommende Auslegung der Vorschriften durch alle örtlichen Behörden. Jede über die zwingenden Vorschriften hinausgehenden Anforderungen sollten nur in wirklich unumgänglichen Fällen gestellt werden.

Schlußbetrachtungen. Wenn Staat und Industrie in dieser Weise an die Aufgabe der industriellen Nebenerwerbs-Siedlung herantreten, muß es gelingen, Hypotheken vom Privatkapital (Versicherungsgesellschaften, Hypotheken- und Pfandbriefmarkt, Sparkassen usw.) dafür zu erhalten, und den Staat allmählich zumindest in einem Teil der Siedlungstätigkeit von der Finanzierung zu entlasten. Vor allem ist durch richtige Auswahl der Personen, durch soliden Ausbau der Siedlerstellen bei möglichster Niedrighaltung der Baukosten und durch Einsatz einer Staatsgarantie für volle Sicherheit der angelegten Gelder zu sorgen. Jedes Herumexperimentieren muß vermieden werden, dazu ist die Siedlung zu kostspielig. Vielmehr sollten alle gesammelten Erfahrungen ausgenutzt und verwertet und auf der Grundlage des Erprobten die Siedlungstätigkeit weiter ausgebaut werden.

In gemeinschaftlicher Zusammenarbeit von Staat, Industrie und Kapital eine Siedlung zu schaffen, die den Arbeiterstand eingliedert in die Volksgemeinschaft, im Dienste der nationalen Einigung und des nationalen Wiederaufbaues, das ist das Ziel.